Die Aussichten von Zwanglaufkesseln

Eine kritische Betrachtung des derzeitigen Standes im Bau und Betrieb von Röhrendampferzeugern

von

Friedrich Münzinger, VDI

Mit 48 Abbildungen im Anhang
und 3 Zahlentafeln

Springer-Verlag Berlin Heidelberg GmbH

1935

Additional material to this book can be downloaded from http://extras.springer.com

Ursprünglich erschienen bei Julius Springer in Berlin in 1935

ISBN 978-3-642-90140-9 ISBN 978-3-642-91997-8 (eBook)
DOI 10.1007/978-3-642-91997-8

Vorwort.

Vorliegende Abhandlung ist die Erweiterung eines auf der Hauptversammlung des Vereines deutscher Ingenieure im Juni 1935 gehaltenen Vortrages. Der Zwanglauf hat in den letzten Jahren bei uns steigendes Interesse gefunden, so daß jetzt in Deutschland als einzigem Land nicht nur zahlreiche Spielarten von normalen Steilrohrkesseln, sondern auch mindestens fünf Sonderkessel gebaut werden. Ein so gutes Zeugnis diese Vielgestaltigkeit der Unternehmungslust und Erfindungsgabe unserer Kesselindustrie ausstellt, so belastet sie die Projektierungs- und Konstruktionsbüros sehr stark und macht es den Käufern von Kesseln schwer, sich in den zahlreichen angebotenen Systemen zurecht zu finden. Vorliegende Abhandlung versucht daher, das Wesentliche der verschiedenen Kessel mit Zwanglauf und natürlichem Wasserumlauf herauszuarbeiten und auf eine größere Vereinfachung und Vereinheitlichung hinzuwirken. Die heutige Lage im Dampfkesselbau hat viel Ähnlichkeit mit der Zeit um 1910, als Steilrohrkessel und um 1920, als Kohlenstaubfeuerungen aufkamen. Ähnlich wie jenesmal, verrät die große Zahl von Bauformen, daß wir uns in einem Übergangszustand befinden und die Notwendigkeit vorliegt, schnell zu einer Klärung zu kommen. Aber man kann schon heute sagen, daß die Einführung des Zwanglaufes uns nicht nur um einige brauchbare Kesselbauarten bereichern, sondern sich auch auf Dampferzeuger mit natürlichem Wasserumlauf verbilligend und vereinfachend auswirken wird.

Gründliche wissenschaftliche Durchforschung hat den deutschen Kesselbau im letzten Jahrzehnt sehr gefördert und viel dazu beigetragen, daß er den Vorsprung der Amerikaner verhältnismäßig schnell aufholen konnte. Man kann aber m. E. (vielleicht auch in anderen Zweigen des Kraftmaschinenbaues) geteilter Ansicht darüber sein, ob die rein wissenschaftliche Richtung bei uns zuungunsten der praktisch-konstruktiven allmählich nicht zu stark in den Vordergrund rückt, denn so wichtig die wissenschaftliche Erforschung ist, so führt ihre zu starke Betonung leicht zum Überschätzen theoretischer Spitzfindigkeiten und zum Verkennen der überragenden Bedeutung guten Konstruierens. In der Tat sind sehr viele Anstände auf ungenügende Konstruktion zurückzuführen, und manche mögliche Vereinfachung und Verbesserung unterbleibt aus Mangel an gewandten Konstrukteuren, der sich besonders in Zeiten gesteigerter erfinderischer Tätigkeit störend geltend macht. Überbesetzte unproduktive Reklamationsbüros, ein Wust ärgerlicher Auseinandersetzungen und teuere Umänderungsarbeiten sind die Folge hiervon. Die technischen Lehranstalten sollten daher ihr besonderes Augenmerk auf die wenigen Schüler mit ausgesprochen konstruktivem Können richten, sie mit allen Kräften anregen und die Industrie später auf sie hinweisen. Andernfalls ist es oft unvermeidlich, daß sie bei ihrem Übertritt in die Praxis in ein Büro kommen, in das sie ihrer ganzen Veranlagung nach nicht passen oder in dem sie nicht mehr leisten können als weit weniger Begabte. Manches konstruktive Talent kommt infolgedessen nicht zur Entfaltung und fühlt sich zeitlebens nie recht wohl, weil es seinen eigentlichen Beruf verfehlt hat. Aber auch die Industrie könnte viel tun, wenn sie über das Vorwärtskommen konstruktiver Talente sorgsam wachen und ihnen mehr als jetzt die Möglichkeit geben würde, auch als „reine Ingenieure" eine ihren Leistungen angemessene Lebensstellung zu finden. Andernfalls werden gerade die fähigsten unter ihnen sich zum Schaden der Industrie und der ganzen Volkswirtschaft schon in verhältnismäßig jungem Alter einer mehr kaufmännischen oder verwaltungstechnischen Tätigkeit zuwenden, die sie rascher und höher empor zu tragen verspricht.

Herrn Dipl.-Ing. Stroehlen bin ich für seine Unterstützung beim Abfassen der Arbeit zu Dank verpflichtet. Sämtliche Abbildungen wurden hinter den Text gesetzt, um die Druckkosten möglichst zu verbilligen.

Berlin, den 10. Juli 1935.

Münzinger.

Inhaltsverzeichnis.

Seite

1. Einleitung 1
2. Einfluß des Höchstdruckes auf den Bau von Kesseln mit natürlichem Wasserumlauf 2
   a) Steilrohrkessel 2
   b) Sektionalkessel 4
3. Bewährung von Steilrohr- und von Sektionalkesseln 4
   a) Wasserumlauf 4
   b) Spucken und Überschäumen 5
4. Wesen und Vorteile des Zwanglaufes 8
5. Das Verhalten von Zwanglaufkesseln 10
   a) Empfindlichkeit gegen unreines Speisewasser 10
   b) Einfluß nicht ganz sachgemäßer Bemessung und Herstellung oder ungleicher Beheizung 12
   c) Kraftbedarf der Speise- und Umwälzpumpen 14
   d) Regelung 15
6. Kosten der verschiedenen Kesselsysteme 17
7. Zwanglaufkessel für Reserve- und Spitzenkraftwerke 19
8. Rotierende Kessel 21
9. Der Schmidt-Hartmann-Kessel 23
10. Verdampfer- und Umformeranlagen 24
11. Zusammenfassung und Schluß 26

1. Einleitung.

Bau und Betrieb von Röhrendampfkesseln wurden im letzten Jahrzehnt durch das tiefere Eindringen in die Vorgänge in Feuerungen und beim natürlichen Wasserumlauf, die Einführung des Zwanglaufes, das Herausbringen hochwertiger Stähle und die großen Verbesserungen der chemischen Speisewasseraufbereitung stark beeinflußt. Vorliegende Arbeit untersucht unter besonderer Berücksichtigung von Höchstdruckkesseln, wie die Entwicklung voraussichtlich weiter verlaufen wird. Noch ist sie in vollem Fluß, gleicht aber den Vorgängen um das Jahr 1910, als die Steilrohrkessel aufkamen und die ersten entscheidenden Schritte zur Leistungssteigerung von Dampfkesseln gemacht wurden [1], so sehr, daß sich eine sorgsame Prüfung besonders in der Hinsicht empfiehlt, wie der Zwanglauf den Bau von Röhrendampfkesseln beeinflussen wird und welche Punkte hierbei zu beachten sind. Wenngleich sich die Arbeit im wesentlichen auf Kessel mit Rostfeuerungen und für ortsfeste Zwecke beschränkt, so werden schon der Spitzendeckung in Elektrizitätswerken wegen auch Kessel wie Velox-Dampferzeuger, die zur Zeit nur für Beheizung mit Öl oder Gas gebaut werden, oder Hochgeschwindigkeitskessel [2], behandelt, zumal bei ihnen der Zwanglauf besondere Vorteile bietet, bzw. unerläßlich ist.

Mechanische Roste und Staubfeuerungen wurden, was Einfachheit, Wirkungsgrad, Leistung und die Verfeuerung wasser- und aschereicher Brennstoffe betrifft, außerordentlich verbessert. Kennzeichnend für die neuere Entwicklung ist die Mühlenfeuerung von Kraemer, die sich für Braunkohlenschwelkoks ebensogut eignet wie für sehr feuchte Rohbraunkohle und der Umstand, daß die einstens als minderwertig verschriene Rohbraunkohle heute als vorzüglicher Brennstoff gilt, sowie die außerordentliche Steigerung der Breitenleistung von Feuerungen in den letzten 10 bis 15 Jahren. Mit der Rauchgasgeschwindigkeit wird in Hochgeschwindigkeitskesseln auf 20—50 m/s, in Velox-Kesseln sogar auf 200—300 m/s gegangen.

Die Vorgänge beim natürlichen Wasserumlauf wurden durch zahlreiche Untersuchungen erforscht und der rechnerischen Erfassung erschlossen, die Ursachen von Korrosionen in Siede- und Überhitzerrohren geklärt und falsche Ansichten über den Wärmeübergang von Rohrwand an Gemische von Dampf und Wasser berichtigt. Die Fortschritte der

[1] Münzinger: Neuere Bestrebungen im Dampfkesselbau. Z. VDI 1912, S. 1725.

[2] Münzinger: Dampfkraft, S. 267. Berlin: Julius Springer.

Hüttenindustrie in der Herstellung von Sonderstählen sind ebenso bedeutend wie die der Kesselfabriken in der Fertigung, wobei die im Einwalzen von Siederohren und in Schweißarbeiten jeder Art erzielten Vervollkommnungen besondere Erwähnung verdienen.

Auch die chemische Aufbereitung des Speise- bzw. Zusatzwassers wurde außerordentlich verbessert und tritt in immer schärferen Wettbewerb mit Destillier- und Dampfumformeranlagen, bei denen übrigens im allgemeinen auch eine chemische Vorbehandlung des Speisewassers nötig ist. Bei hochbelasteten Hochdruckkesseln muß das Speisewasser frei von Härtebildnern, Kohlensäure und freiem Sauerstoff sein. Die weit verbreitete Kalk-Soda-Reinigung reicht für sie nicht aus, weil sie bei schwankender Härte des Rohwassers Resthärte im Wasser läßt und weil zum Erzielen einer nur einigermaßen geringen Resthärte, die sogar in vielen Fällen noch zu groß ist, mit hohem Alkaliüberschuß aufbereitet werden muß und weil Soda Kohlensäure abspaltet, die die Kesselbaustoffe bei höherem Druck angreift. Man ersetzte daher Soda durch Ätznatron und Trinatriumphosphat, das auch unter schwierigen Verhältnissen Kesselsteinbildung verhindert und sich als ein höchst wirkungsvolles Mittel erwiesen hat. Damit der Kessel nicht schäumt und spuckt, dürfen Natronzahl, Salzgehalt und Phosphatgehalt des Kesselinhalts bestimmte Werte nicht überschreiten, der Wärmeverluste wegen soll aber die Abschlämmwassermenge tunlichst klein sein. Karbonathärte wird daher weitgehend durch Vorbehandlung mit Kalk, die Restkarbonathärte und die Nichtkarbonathärte durch Soda bzw. Ätznatron und Trinatriumphosphat oder durch Permutit entfernt, damit das gereinigte Wasser tunlichst wenig Salz enthält. Der freie Sauerstoff wird durch thermische Entgasung ausgetrieben und kann durch schweflige Säure oder Natriumsulfit bis auf die letzten Spuren entfernt werden.

Höchstdruckdampf, der in Amerika schon recht verbreitet ist, hat im letzten Jahre auch in Deutschland einen starken Auftrieb erfahren
*1, 2 (Abb. 1 u. 2 und Zahlentafel 1 u. 2). Am 1. Juli 1935 waren in Deutschland etwa 36 ortsfeste Kessel von mehr als 70 at Druck mit einer höchsten Dauerleistung von etwa 1700 t/h bestellt oder im Betrieb. Deutschland ist übrigens wohl das einzige Land, in dem große Kessel von über 100 at Druck mit chemisch aufbereitetem Speisewasser ohne Kondensatzusatz erfolgreich betrieben werden.

2. Einfluß des Höchstdruckes auf den Bau von Kesseln mit natürlichem Wasserumlauf.

a) Steilrohrkessel. Auch im Kesselbau verdanken viele Konstruktionen ihre Existenz dem Zufall oder Voraussetzungen, die manchmal schon

* Die Zahlen am Rande des Textes beziehen sich auf die Abbildungen im Anhang.

lange überholt sind. Die Macht der Gewohnheit ist nicht selten schuld
daran, daß die wissenschaftliche Erkenntnis sich nur sehr verspätet
durchzusetzen vermag. Z. B. wurde beim Aufkommen der Steilrohrkessel
das Speisewasser in Ekonomisern wenig oder gar nicht vorgewärmt. Da
außerdem die Feuerungen nicht mit dem heutigen hohen CO_2-Gehalt
arbeiteten und man nur mäßige Rauchgasgeschwindigkeiten anwandte,
brauchte man große Kesselheizflächen und infolgedessen zu ihrem Unterbringen 4—5 Kesseltrommeln, deren Kosten mit zunehmendem Druck
immer stärker ins Gewicht fielen. Allmählich setzte sich der Dreitrom-
mel-Steilrohr-Kessel durch, bei dem sich ein gesicherter Wasserumlauf
verhältnismäßig einfach ermöglichen ließ und der in Amerika auch bei
sehr hohen Drücken noch vorherrscht (Abb. 3 u. 4). In Deutschland 3, 4
nahm man aber schon vor etwa 12 Jahren den Bau von Zweitrommelkesseln[1] auf, auch der erste große deutsche Höchstdruckkessel und fast
alle seine Nachfolger sind Zweitrommelkessel (Abb. 5, 9, 10, 11). Ein- 5
zelne Firmen nehmen sogar nur eine Obertrommel und ersetzen die Unter-
trommel durch enge Sammler (Abb. 6). Die Vorliebe der Amerikaner für 6
die Dreitrommelbauart bei Höchstdruckkesseln ist um so verwunderlicher,
als sie bei Doppelenderkesseln die Zweitrommelbauart wählen (Abb. 7).
Wegen der immer höher werdenden Rost- und Feuerraumbelastungen 7
kleidet man die Feuerkammer weitgehend mit in den Wasserkreislauf
des Kessels eingeschalteter Kühlfläche, teilweise auch mit Überhitzer-
heizfläche aus (Abb. 3, 4, 7). Während aber in Amerika Kessel und
Kühlflächen fast stets zwei voneinander unabhängige Bauteile bilden,
verschmolzen sie in Deutschland immer mehr zu einer organischen Einheit, bei der oft schwer zu sagen ist, was Kühl- und was Kesselheizfläche
ist (Abb. 6 u. 8). In der letzten Zeit werden öfters Zweitrommelkessel 8
angeboten, bei denen dasselbe Rohrbündel die Vor- und Nachheizfläche
bildet (Abb. 9 u. 10). 9, 10

Die Kesselheizfläche wurde immer mehr durch Ekonomiserheizfläche
ersetzt, Zeile *u* in Zahlentafel 2, in der man öfters mäßige Dampfent-
wicklung zuläßt (Abb. 11). Während Amerikaner und Engländer Ekono- 11
miser aus geraden, in Sammelkästen eingewalzten Rohren bevorzugen,
überwiegen in Deutschland wenigstens bei Verwendung von Kondensat
als Speisewasser die erheblich billigeren Rohrschlangen (Abb. 5, 6, 9, 11).
Da Speisewasservorwärmung durch Anzapfdampf in Kondensationskraftwerken einen beträchtlichen thermischen Gewinn, bei Gegendruckkraft-
werken einen oft sehr erwünschten Zuwachs an Leistung bringt (Abb. 12), 12
geht man mit ihr vielfach bis auf etwa 200° und muß daher die Verbrennungsluft durch die den Ekonomiser verlassenden Abgase hoch vorwär-

[1] Von den bereits um das Jahr 1910 herum gebauten Zweitrommelkesseln soll in diesem Zusammenhange abgesehen werden, weil sie meist Fehlkonstruktionen waren.

men. Sollen die Rauchgase noch einen Zwischenüberhitzer beheizen, so
muß man bei Vollast in den Frischdampfüberhitzer mit 1100—1250° ein-
13 treten (Abb. 13) und erhält dann besonders billige Strahlungskessel, weil
die zum Unterbringen reiner Berührungsheizfläche erforderlichen Trommeln und Fallrohre wegfallen. Mit so hohen Rauchgastemperaturen ausgesetzten Überhitzern liegen aber nur wenig Erfahrungen vor.

b) Sektionalkessel. Auch bei Sektionalkesseln ist deutlich eine Entwick-
lungsrichtung zu erkennen, die sich aus den gestellten Aufgaben gewisser-
14 maßen zwangläufig ergab (Abb. 14—17). Ein wichtiger Abschnitt hierin
ist der durch die verlangte hohe Dampftemperatur bedingte Einbau des
Überhitzers zwischen der unterteilten Kesselheizfläche (Zwischendeck-
kessel), der anfänglich öfters in Gemeinschaft mit dem Zwischenüberhitzer erfolgte (Abb. 14). Bei den später gebauten Kesseln besteht die
ganze Kesselheizfläche nur noch aus etwa acht vor den Überhitzer ge-
15 schalteten Siederohrreihen (Abb. 15). Die Zwischenüberhitzung erfolgt
jetzt in Amerika oft mittels Sattdampf in einem über dem Kessel angeordneten Oberflächenapparat (Abb. 15). Bemerkenswert ist der organische Gesamtaufbau und der Wegfall jeder Kesselnachheizfläche in
16 Abb. 16. In Deutschland sind Sektionalkessel für Drücke von über
17 70 at m. W. noch nicht in Betrieb. Abb. 17 zeigt einen 1935 bestellten
125 at-Kessel für 32/40 t/h-Dampferzeugung (Zahlentafel 2, Spalte 26).

3. Bewährung von Steilrohr- und von Sektionalkesseln.

a) Wasserumlauf. Schon der Umstand, daß bei Drücken von über 70 at in Amerika Sektional- und in Deutschland Steilrohrkessel überwiegen (Zahlentafel 1 u. 2 und Abb. 1 u. 2), zeigt, daß keines von beiden Systemen eine klare Überlegenheit hat. Beispielsweise kann bei Sektionalkesseln dem Überhitzer bequem die zum Erzielen einer mäßigen Eintrittstemperatur der Rauchgase nötige Berührungsheizfläche vorgeschaltet werden. Auch lassen sich Sektionalkessel mit genormten Teilen leicht den verschiedenartigsten Verhältnissen anpassen und ihre Ummantelung wird manchmal etwas einfacher als bei Steilrohrkesseln. Die Dichtungen der Teilkammerverschlüsse können kein ernsthafter Grund gegen Sektionalkessel für hohen Druck sein, da auch die Sammler der Kühlflächen von Steilrohrkesseln zahlreiche Verschlüsse haben.

Dagegen ist bei Steilrohrkesseln ein gesicherter Wasserumlauf oft leichter erzielbar. Insbesondere neigen die auf den Überhitzer folgenden Rohre von Zwischendeck-Sektionalkesseln zu Korrosionen oder zum Durchbrennen, weil ihr Inhalt manchmal stagniert. Sektionalkessel mit nur einem dem Überhitzer vorgeschalteten Bündel aus wenigen Siederohren und großem Abstand zwischen Obertrommel und oberster Siederohrreihe sind sicherer (Abb. 16 u. 17). Es mag mit auf unsere eingehendere Erforschung des natürlichen Wasserumlaufs zurückzuführen sein, daß wir Dinge, die ihn gefährden könnten, z. B. beheizte Fallrohre von Sektionalkesseln, möglichst vermeiden. Doch fangen jetzt auch die Amerikaner an, vorsichtiger zu werden und z. B. den Abstand zwischen Obertrommel und oberster Siederohrreihe und die Zahl der Überströmrohre zwischen dampfführenden Sektionen und Obertrommel zu vergrößern.

Bei Steilrohrkesseln sollte man wenigstens bei hohem Druck nur an ihrem oberen Ende verhältnismäßig stark beheizte Steigrohre besonders dann nicht anordnen, wenn sie großen Überhub haben oder gelegentlich Wasser erhalten, das erheblich kälter als der Kesselinhalt ist.

b) Spucken und Überschäumen. In Zahlentafel 3 sind die hauptsächlichsten Anforderungen an den Inhalt und das Speisewasser von hochbelasteten Wasserrohrkesseln zusammengestellt[1]

Zahlentafel 3. Zur Zeit übliche Anforderungen an Speisewasser und Inhalt hochbelasteter Röhrenkessel mit natürlichem Wasserumlauf.

a) Kesselinhalt:		
Natronzahl (nach VGB) . . .	100—400 bei Gegenwart von überschüssigem Phosphat[2]	
Höchstzulässige Gesamtkonzentration an Salzen . .	0,8° Bé[3] bei Sektionalkesseln	0,5° Bé[3] bei Steilrohrkesseln
Phosphatgehalt	15—20 mg/l P_2O_5	
b) Speisewasser:		
Gehalt an freiem Sauerstoff mg/l O_2	$\leqq$ 0,1—0,05 bei 30 at	$\leqq$ 0,01—0,02 bei 100 at

Von obigen Werten für freien Sauerstoff, Natronzahl und Salzkonzentration wird öfters erheblich abgewichen.

Beispielsweise versalzen bei den 100 at-Steilrohrkesseln in Zahlentafel 2, Spalte 11—14, die mit Kondensat und destilliertem Zusatzwasser unter Beimengung von Trinatriumphosphat gespeist werden, bei einer Natronzahl von 50—100 und einer Konzentration von 0,2—0,3° Bé auch bei sehr langen Betriebszeiten die Turbinen nicht, bei einer Natronzahl von etwa 250 setzt langsames Versalzen ein, bei 600—800 spucken die Kessel. Ähnliches gilt von den gleichfalls mit Kondensat und destilliertem Zusatzwasser gespeisten 120 at-Zweitrommel-Steilrohrkesseln in Zahlentafel 2, Spalte 1—4. Auch bei dem nur mit chemisch aufbereitetem Wasser

---

[1] Lupberger: Stahl u. Eisen 1933, S. 1021. — Splittgerber: Z. VDI 1935, S. 339. — Arch. Wärmewirtsch. 1935, S. 61.

[2] Nach heutigen Erfahrungen muß der Inhalt hochbelasteter Röhrenkessel zur unbedingten Steinverhütung stets überschüssiges Phosphat enthalten.

[3] Bei Höchstdruckkesseln nur 0,2—0,4° Bé.

von 150—170 mg/l Salzgehalt[1] gespeisten 117 at-Steilrohrkessel in Zahlentafel 2, Spalte 8, bei dem die Salzkonzentration 0,1—0,2° Bé und die Natronzahl 150—200 beträgt (10- bis 15fache Eindickung), hat der erzeugte Dampf nur 3,2 mg/l Salzgehalt. Der Kessel soll daher in Zukunft mindestens 7000 Stunden nicht geöffnet werden, doch wäre ein größerer Durchmesser seiner Obertrommel erwünscht gewesen, weil der Kessel gegen Lastschwankungen empfindlich ist.

Dagegen klagen mehrere namhafte amerikanische Höchstdruckkraftwerke über starkes Versalzen der Turbinen, obgleich sie lediglich Kondensat und destilliertes Zusatzwasser speisen und halten Rohrdurchbrenner bei chemisch aufbereitetem Zusatzwasser für unvermeidlich. In anderen amerikanischen Anlagen hat sich eine geringe Salzkonzentration als einziges wirkungsvolles Mittel gegen Verschmutzen der Turbinen erwiesen, in einer dritten Kategorie soll weder das Herabsetzen der Salzkonzentration von 3600 auf 100 mg/l, noch die Änderung der Höhe des Wasserstandes oder der Kesselbelastung, noch die ausschließliche Speisung mit Kondensat eine Besserung gebracht haben[2]. Mehrere Anlagen lassen nur eine Konzentration unter 0,1° Bé zu.

Auch namhafte englische Wasserfachleute meinen, daß schon ein Zusatz von 3% chemisch aufbereitetem Wasser zum Kondensat bei hohem Druck unzulässig sei[3]. Diese Auffassung trifft bei richtig betriebener Wasseraufbereitung und richtig gebauten Kesseln nicht zu, vielmehr ist es bei vielen Wässern möglich, normale Höchstdruckkessel samt den Turbinen ausschließlich mit chemisch aufbereitetem Speisewasser einwandfrei zu betreiben. Eine offene Frage scheint aber zu sein, ob bei Speisen von chemisch aufbereitetem Wasser auch bei völlig trockenen Dampf liefernden Kesseln die Turbinen nicht hier und da, wenn auch in großen Zeitabständen, ausgewaschen werden müssen (s. weiter unten).

Die unbefriedigenden ausländischen Ergebnisse dürften außer von mangelhaft gebauten oder betriebenen Wasserreinigungsanlagen (oder undichten Kondensatoren) vor allem von konstruktiven Schwächen der betreffenden Kessel herrühren. Z. B. münden selbst die am höchsten belasteten Siederohre fast stets unter Wasserspiegel aus, die Wasserräume der Obertrommeln sind vielfach unvorteilhaft miteinander verbunden und auch der Wasserumlauf ist oft mangelhaft durchgebildet, auch sollten die Fallrohre von Höchstdruckkesseln unbeheizt sein.

Besondere Dampfsammler nützen für das Erzielen von trockenem Dampf wenig. Ausgedehnte Kontaktflächen würden vom Kesseldampf mitgerissenes Wasser wahrscheinlich besser ausscheiden als kleine Strömgeschwindigkeit in großen freien Räumen. Höchstdruckdampf reißt aber

---

[1] Der SiO_2-Gehalt des Rohwassers steigt bei Hochwasser des Rheins zuweilen schnell auf das drei- bis vierfache seines normalen Wertes. Der SiO_2-Gehalt des Speisewassers schwankt zwischen 2 und 4 mg/l, sein CO_2-Gehalt zwischen 10 und 12 mg/l.

[2] Engineering 1935, S. 231. — Orrok: Trans. Amer. Soc. mech. Engr., Mai bis August 1928 und Mai—August 1929. — Moultrop: Mech. Engng. 1929, S. 259. — Trans. Amer. Soc. mech. Engr. 1932, FSP—54—13, S. 161.

[3] Glinn: Engineering 1935, S. 129.

unabhängig vom Kesselsystem im Speisewasser enthaltene Salze in erheblich stärkerem Maße mit als Dampf unter 40 at, weil sich bei hohen Drücken (Temperaturen) gewisse Salze verflüchtigen und weil infolge des wesentlich geringeren Unterschieds der spezifischen Gewichte von Wasser und Dampf mehr salzhaltiges Wasser vom Dampf mitgerissen wird. Jedenfalls enthält Höchstdruckdampf auch unter günstigen Voraussetzungen bei chemisch aufbereitetem Speisewasser immer einige mg/l Salz. Auswaschen des Dampfes durch das frisch in den Kessel gespeiste Wasser scheint seinen Salzgehalt erheblich herabzusetzen, weil an Stelle der im Dampf mitgeführten, mit Salz stark angereicherten
Wassertropfen weniger salzhaltige treten (Abb. 18). Eine noch gün- 18
stigere Wirkung dürfte erzielt werden, wenn man das Speisewasser (oder seinen Anteil an Kondensat) vor dem Eintritt in den eigentlichen Kessel in einer besonderen Waschtrommel durch mechanisches Umwälzen über große Kontaktflächen mit dem Sattdampf in enge Berührung bringt.

Über der Obertrommel gelegene Abscheidetrommeln (*a* in Abb. 10)
oder Zwischentrommeln (wie *b* in Abb. 19) dürften vor allem bei che- 19
misch aufbereitetem Speisewasser nützen, weil ein Kessel eher zum Spucken neigt, wenn die Steigrohre größere Wassermengen zusammen mit dem Dampf, d.h. mit hoher Geschwindigkeit in zahlreichen Einzelstrahlen in die Obertrommel auswerfen. Deshalb sollten Kühlflächen so mit der Obertrommel verbunden werden, daß das in ihnen entwickelte Dampfwassergemisch schon vor seinem Eintritt in sie eine gewisse Trennung in Wasser und Dampf erfährt (Abb. 19). Die Verhältnisse liegen, wie später gezeigt wird, anders, wenn wie bei Zwangumlaufkesseln das aus den Siederohren austretende Dampf-Wassergemisch durch geeignete Vorrichtungen ausgeschleudert wird.

Abb. 5, 6, 8, 9, 10, 11, 19 u. 20 zeigen den heutigen großen Formen- 20
reichtum von Steilrohrkesseln in Deutschland, der auf die Neuartigkeit, auf örtliche Gegebenheiten, manchmal wohl auch auf das Verlangen, unbedingt etwas Neues zu bringen, zurückzuführen ist. Immerhin scheinen sich allmählich gewisse Typen mehr durchzusetzen. Z.B. hat eine Ausführung nach Abb. 9 u. 10 den Vorteil, daß sich verhältnismäßig viel Berührungsheizfläche billig unterbringen und ein gesicherter Wasserumlauf unschwer erzielen läßt.

M. E. empfehlen sich folgende Maßnahmen, die um so wichtiger sind, je höher der Druck ist, je häufiger und schroffer Lastwechsel auftreten und je mehr chemisch aufbereitetes Zusatzwasser gespeist wird:

1. Bei Steilrohrkesseln mit zwei Obertrommeln an jede von ihnen annähernd dieselbe Heizfläche anschließen.

2. Steig- und zugehörige Fallrohre von Steilrohrkesseln tunlichst an dieselbe Obertrommel anschließen.

3. Wasserkreisläufe der verschiedenen Kühlflächen tunlichst voneinander trennen.

4. Ausgießen der am höchsten belasteten Steigrohre über Wasserspiegel.

5. Steigrohre ausgedehnter Kühlflächen über ganze Länge der Obertrommel verteilen und womöglich so anordnen, daß sich Wasser und Dampf schon bereits vor ihrem Eintritt in die Obertrommel scheiden.

6. Dampfführende Sektionen durch mindestens zwei Überströmrohre mit der Obertrommel verbinden, mindestens eines davon über Wasserspiegel ausgießen lassen.

7. Dampfraumbelastung um so niederer wählen, je mehr der Anteil von chemisch aufbereitetem Wasser am gesamten Speisewasser beträgt und mit je stärkeren Lastschwankungen zu rechnen ist.

8. Speisewasser im Ekonomiser bis dicht an Sättigungstemperatur vorwärmen.

Maßnahmen zum Verhindern des Mitreißens von Wasser im erzeugten Dampf sind wichtiger als solche zu seinem Wiederausscheiden.

Zusammenfassend kann man sagen, daß moderne deutsche Steilrohrkessel für hohen Druck im allgemeinen durch stark gekühlte, mit dem Kessel eine organische Einheit bildende Feuerräume, Beschränkung auf zwei durch unbeheizte Fallrohre miteinander verbundene Kesseltrommeln, kleine Kesselberührungsheizfläche, große Schlangenrohr-Ekonomiser, hochvorgewärmte Verbrennungsluft und weitgehende Speisewasservorwärmung durch Anzapfdampf gekennzeichnet sind. Da Staubfeuerungen höhere Warmlufttemperaturen zulassen als Roste, eignen sie sich für Höchstdruckkessel besser.

4. Wesen und Vorteile des Zwanglaufes.

Der Verbilligung von Wasserrohrkesseln durch Verringern der Zahl der Kesseltrommeln und durch weitgehende Ausnutzung der Wärme der Rauchgase in Ekonomisern und Luftvorwärmern sind Grenzen gezogen, weil der natürliche Wasserumlauf gewisse Rücksichten verlangt, die sich besonders durch die verwickelten Anschlußleitungen der Kühlflächen und die unbeheizten Fallrohre verteuernd auswirken. Außerdem bleibt der Kesselkörper auch bei gebogenen Siederohren verhältnismäßig starr und der Wasserumlauf ist zuweilen etwas unsicher.

Bei Zwanglauf dagegen, bei dem eine Pumpe das Wasser durch die Heizfläche drückt, ist man in Durchmesser, Länge und Anordnung der Siederohre weit geringeren Beschränkungen unterworfen und kann daher die Kesselheizfläche leichter mit Rücksicht auf gute Elastizität des Kesselkörpers und Anpassung an gegebene Verhältnisse (kleine zulässige Bauhöhe) ausbilden. Da ferner Siederohre bis zu etwa 60 mm l. W. be-

quem als schlangenförmige Heizflächen hergestellt werden können und die den Anschlußleitungen von Kühlflächen mit natürlichem Wasserumlauf entsprechenden Rohre wegfallen oder einfacher werden, kosten die Kühlflächen kaum mehr als die eigentliche Berührungsheizfläche des Kessels und es entsteht ein außerordentlich elastischer Kesselkörper. Zwanglaufkessel sind daher besonders bei kurzer Anheizdauer, hoher Feuerraumbelastung und Dampfspannung vorteilhaft und füllen vor allem bei Drücken über 10 at eine empfindliche Lücke im Bau von Kesseln bis zu etwa 5 t/h Dampferzeugung aus (Abb. 21), weil sie oft fertig 21
versandt werden können und weil sich normale Wasserrohrkessel für so kleine Leistungen schon wegen der Einmauerung und der Feuerraumkühlung an sich weniger eignen.

Wenn im folgenden der Versuch gemacht wird, die Wettbewerbsfähigkeit von Zwanglaufkesseln untereinander und mit Kesseln mit natürlichem Wasserumlauf zu vergleichen, so muß man sich klar darüber sein, daß auch Kessel ein Kompromiß zwischen gewissen Vor- und Nachteilen sind, von denen manche in einem Fall fast keine, im anderen größte Bedeutung haben. Deshalb vermögen sich auch so verschiedenartige Bauarten nebeneinander zu behaupten und bewähren sich bestimmte Konstruktionen das eine Mal, das andere Mal aber nicht. Da aber die Menschen gern verallgemeinern und sich oft nicht die Mühe machen, einer Sache auf den Grund zu gehen, ist die Neigung, eine Konstruktion auf Grund von Anständen rein zufälliger Art zu verdammen oder in einer noch ganz ungeklärten Lage Dinge über Gebühr zu loben, groß. Schließlich hängt auch der Erfolg eines Kessels von der Tatkraft und den finanziellen Mitteln ab, die an seine Entwicklung gewendet wurden, weshalb sich eine Konstruktion von geringerem inneren Wert manchmal durchsetzt, eine ihr überlegene aber nicht. Auch dadurch kann eine Konstruktion vor einer gleichwertigen einen Vorsprung gewinnen, daß ihre Hersteller Änderungen auf anderen Gebieten, die ihre Gestaltung oder Aussichten beeinflussen, rascher erkennen als ihre Konkurrenz. Manche der folgenden Gründe sind für sich u. U. ganz nebensächlich, können aber durch ihr Zusammenfallen mit anderen oder infolge örtlicher Umstände erhebliches Gewicht erlangen. Diese Bemerkungen dürfen bei den folgenden Betrachtungen nicht übersehen werden.

Man spricht von Zwangumlauf, wenn der Wärmeaufnehmer (Wasser beim La Mont- und beim Velox-Kessel, Dampf beim Löffler-Kessel) durch eine Pumpe dauernd durch die Heizfläche umgewälzt wird, von Zwangdurchlauf (Benson- und Sulzer-Einrohrkessel), wenn durch die Heizfläche
gerade soviel Wasser gepreßt wird, wie verdampft (Abb. 22). Während 22
bei Zwangdurchlaufkesseln die Speisepumpe selbst den Zwanglauf besorgt, sind beim La Mont-, Velox- und Löffler-Kessel besondere Umwälzpumpen erforderlich, die eine immerhin nicht erwünschte Zugabe bedeuten.

5. Das Verhalten von Zwanglaufkesseln.

a) Empfindlichkeit gegen unreines Speisewasser. Ein wichtiger Unterschied zwischen Zwangumlauf- und Zwangdurchlaufkesseln ist, daß erstere wie normale Wasserrohrkessel abgeschlämmt und auf konstanten Wasserstand gefahren werden können, während bei letzteren Verunreinigungen des Speisewassers, soweit sie sich nicht in den Heizflächen absetzen, in die Turbine gelangen und Regelorgane nötig sind, um Wasser-, Brennstoff- und Luftzufuhr dauernd mit der Dampfentnahme in Übereinstimmung zu bringen. Zwangdurchlaufkessel stellen daher an das Speisewasser weit höhere Anforderungen als Kessel mit Zwang- oder natürlichem Umlauf. Beim Benson-Kessel sucht man diese Schwäche dadurch zu mildern, daß die in mehrere abschaltbare Pakete unterteilte Heizfläche ober- und unterhalb der Sättigungstemperatur, in der sich erfahrungsgemäß Salz absetzt, in so tiefe Gastemperaturen verlegt wird, daß versalzte Rohre nicht durchbrennen und daß man die einzelnen Pakete in angemessenen Zeiträumen durchspült. Ferner scheint man auch zu versuchen, den Dampf dadurch zu entsalzen, daß man ihn einem Drosselvorgang unterwirft, wobei sich die Salze an hinter der Drosselvorrichtung eingebauten Flächen abscheiden sollen.

Sulzer schaltet zwischen der Stelle, wo nahezu alles Wasser verdampft ist, und dem Überhitzer Abscheideflaschen[1] ein, aus denen zum Verhindern von Schlammansätzen im letzten Teil der Verdampferzone ein bestimmter Teil des im Überschuß zugeführten Speisewassers dauernd abgelassen wird. Da noch nicht viele Zwangdurchlaufkessel im Betrieb sind, legen ihre Erbauer verständlicherweise besonders bei hohem Druck auf möglichst reines Speisewasser Wert. Welcher Salzgehalt schließlich zulässig ist, muß die Erfahrung lehren. Bei Verwendung eines alkalischen, weniger als 10 mg/l Salz enthaltenden Speisewassers, wie es etwa als Turbinenkondensat oder in Destillationsapparaten anfällt, soll der Dampf von Benson-Kesseln ungefähr 4 mg/l Salz enthalten.

Auch beim Löffler-Kessel gehen die Ansichten über die zulässige Konzentration in den Kesseltrommeln noch auseinander. Wenn er auch zweifellos für Zwangdurchlaufkessel nicht mehr geeignetes Wasser gut verträgt, so scheint er gegen unreines Speisewasser doch nicht ganz in der bei seinem Aufkommen erwarteten Weise unempfindlich zu sein. Hieran ist m. E. nicht nur die verhältnismäßig hohe Wasserspiegelbelastung schuld, die sich daraus ergibt, daß das drei- bis vierfache der erzeugten Dampfmenge umgepumpt werden muß, sondern auch der Umstand, daß die Verdampfung unter einem weit höheren Temperaturgefälle zwischen Wärmevermittler und zu verdampfendem Wasser als bei Wasserrohrkesseln mit natürlichem oder künstlichem Umlauf erfolgt,

[1] Bei 20—50 t/h Kesselleistung etwa 0,5—1,2 m³ Inhalt.

was das Mitreißen mancher Salze möglicherweise verstärkt, s. auch S. 7. Salzablagerungen können aber bei Löffler-Kesseln besonders gefährlich werden.

Über die Unempfindlichkeit von La Mont-Elementen und -Kesseln gegen chemisch aufbereitetes Speisewasser liegen sehr günstige Berichte vor, die die Ansicht zu bestätigen scheinen, daß die Kesselsteinbildung mit zunehmender Umlaufgeschwindigkeit kleiner wird, die bei Vollast und hohem Druck 1,5—2 m/s (gegenüber 0,3—1,2 m/s bei natürlichem Umlauf) beträgt und ähnlich wie beim Löffler-Kessel bei allen Belastungen auf einem hohen Werte gehalten werden kann, während sie bei Zwangdurchlauf und natürlichem Umlauf mit der Belastung stark zurückgeht. Selbst bei einem mit Kalk-Soda gereinigten Speisewasser und einer Natronzahl von 5000 waren nach Dr. Kaiser die Verdampferrohre eines La Mont-Kessels nach sechsmonatlichem Betrieb trotz mangelhaft gewarteter Wasserreinigungsanlage noch völlig sauber[1]. Stillstehen oder gelegentliches Umkehren des Umlaufs kommt bei Zwangumlaufkesseln nicht vor. Es liegt nahe, eine gewisse Vergrößerung des Druckes der Umwälzpumpe in Kauf zu nehmen und die dadurch erzielte hohe Austrittsgeschwindigkeit zum Ausschleudern des Dampf-Wassergemisches in der Kesseltrommel zu benutzen. Von diesem Mittel macht der Velox-Kessel am zielbewußtesten Gebrauch, indem das austretende Gemisch tangential an der Innenfläche eines mit zahlreichen kleinen Löchern versehenen Zylindermantels entlang geführt wird. Auf diese Weise läßt sich zweifellos eine wesentlich günstigere Wirkung erzielen als wenn das Gemisch regellos in zahlreichen Strahlen in den Dampfraum austritt, wie es bei Kesseln mit natürlichem Wasserumlauf geschieht[2].

Besonders vor der Bestellung größerer Zwangumlaufkessel kann es sich empfehlen, ein La Mont-Element in den Feuerraum eines vorhandenen Kessels einzubauen und sein Verhalten bei dem betreffenden Speisewasser längere Zeit zu beobachten, weil sich dadurch das Risiko mit geringfügigen Kosten erheblich verringern läßt. Die Erbauer von La Mont-Kesseln geben an, daß das Kesselwasser auch bei den höchsten Drücken bis auf 2° Bé angereichert werden dürfe und daß fast alle chemisch aufbereiteten Wässer verwendbar seien. Selbst wenn hiervon ein erheblicher Abstrich gemacht werden müßte, wäre die Unempfindlichkeit gegen unreines Speisewasser noch immer bemerkenswert.

Auch der Velox-Kessel scheint trotz der engen Querschnitte in den Verdampferrohren verhältnismäßig unempfindlich gegen unreines Speisewasser zu sein, was BBC vor allem der infolge der hohen Heizflächen-

[1] Z bayer. Revis.-Ver. 1934, Nr. 24.

[2] Auf 12 t/h Dampferzeugung benötigt der Velox-Abscheider etwa 1 m² Siebfläche.

belastung explosionsartig verlaufenden, ein Anhaften von Ansätzen an der Rohrwand erschwerenden Bildung der Dampfblasen, und der bei allen Belastungen reichlichen Wassergeschwindigkeit zuschreibt.

Schnelles Versalzen der Turbine ist fast noch unangenehmer als schnelles Versalzen des Kessels. Kessel und Turbine müssen daher mit Bezug auf das Speisewasser stets gemeinsam betrachtet werden. Die Konzentration des Kesselinhalts beherrscht man beim La Mont-, Velox- und Löffler-Kessel ebenso wie bei Kesseln mit natürlichem Umlauf. Die Gefahr der Versalzung der Turbine ist daher bei ihnen nicht größer als bei normalen Wasserrohrkesseln und sie sind in dieser Hinsicht bei chemisch aufbereitetem Speisewasser Zwangdurchlaufkesseln entschieden überlegen. Der Wasservorrat von Zwangumlaufkesseln ist übrigens auch unter extremen Verhältnissen ausreichend, um bei Lastwechseln eine zu schnelle Zunahme der Laugenkonzentration bei konstanter Ab-
23 schlämmenge zu verhindern (Abb. 23). Gegenüber Kesseln mit natürlichem Wasserumlauf hängt die Wettbewerbsfähigkeit von La Mont- und von Velox-Kesseln in hohem Maße davon ab, ob die Verdampferrohre auf die Dauer frei von Ansätzen bleiben und falls nicht, ob sie sich auf chemischem Wege einfach säubern lassen.

b) Einfluß nicht ganz sachgemäßer Bemessung und Herstellung oder ungleicher Beheizung. Die richtige Bemessung der Heizflächen gelingt auch bei aller Umsicht oft nicht auf den ersten Anhieb. Außerdem kann es mindestens während der ersten Wochen nach Inbetriebnahme vorkommen, daß bei großer Feuerraumbreite der Rost nicht gleichmäßig abbrennt oder die einzelnen Staubbrenner verschiedene Leistung haben. Wenngleich es wohl stets gelingen wird, derartige Mängel nach einigem Probieren und Ändern abzustellen, so können sie doch großen Ärger verursachen. Es fragt sich daher, wie sie sich auf die verschiedenen Kesselsysteme auswirken. Bei natürlichem Wasserumlauf ist ungleicher Rostabbrand oder ungleiche Brennerleistung für die Kesselheizfläche selbst ziemlich unerheblich, ihr ungünstiger Einfluß auf den Überhitzer läßt sich aber verhältnismäßig einfach abstellen. Bei Zwangdurchlauf dagegen kann die Überhitzung in einzelnen Schlangen zu nieder, in anderen zu hoch werden und die betreffende Heizfläche oder die Turbine gefährden.

Von Grade der Beheizung hängen nämlich Temperatur, spezifisches Volumen, Aggregatzustand und Geschwindigkeit des Wärmeaufnehmers (Wasser, Dampf) ab, die seine Zähigkeit, bzw. seinen Reibungswiderstand beeinflussen.

Solberg, Hawkins und Potter [1] haben den Einfluß der Speisewassertemperatur auf die Stabilität eines aus einem Ekonomiser-, Verdampfer- und Überhitzerteil bestehenden $\frac{1}{2}''$-Rohrstranges für eine konstante Wärmeaufnahme

[1] Trans. Amer. Soc. mech. Engr., Januar 1935, FSP—56—16.

(rd. 1650 kcal/mh) und einen konstanten Enddruck (176 ata) bei $t_1 = 93°$, 204° und 316° Eintrittstemperatur des Speisewassers errechnet und hierbei als Ausgangspunkt (Druckverlust = 100%) eine Durchflußmenge von 450 kg/h und eine Temperatur des überhitzten Dampfes von 455° gewählt, Punkt *A* in Abb. 24. 24
Hierbei ergibt sich für jede der drei Temperaturen eine bestimmte Rohrlänge. Wird nun z.B. bei $t_1 = 204°$ die Durchflußmenge um soviel verkleinert, daß der Druckverlust um nur 4% fällt, so steigt die Dampftemperatur auf 550°, Punkt *B*. Bei $t_1 = 93°$ ist die Abhängigkeit der Austrittstemperatur des Dampfes von der durchströmenden Wassermenge noch schärfer, wenn auch in gegenläufigem Sinne ausgebildet, Punkt *C*. Zwischen $t_1 = 90°$ und 200° ruft also bereits eine ganz geringfügige Änderung der Durchströmmenge eine völlig andere Temperatur des den Rohrstrang verlassenden Dampfes hervor, d.h. das Rohr arbeitet in diesem Bereich labil, denn sein Druckverlust ist fast unabhängig von der Durchflußmenge. Derartige Schlangen wären also unter den gewählten Voraussetzungen für Speisewassertemperaturen unter etwa 230° unbrauchbar.

Abb. 25 zeigt eine ähnliche Untersuchung für dieselben Ein- und Austritts- 25
verhältnisse des Wärmeaufnehmers bei zwei verschiedenen Schaltungen[1]. In Fall A sind die parallel geschalteten Schlangen vor und hinter jedem Heizflächenabschnitt durch Ausgleichkästen miteinander verbunden, in Fall B nicht. Der Verdampferteil in Fall A ist viel unstabiler als der Ekonomiser- oder gar der Überhitzerteil, weil ein Unterschied von nur rd. 10% der Beheizung (zB. infolge ungleichen Rostabbrandes) oder von rd. 20% des Reibungswiderstandes (z.B. infolge verschiedener innerer Rauigkeit der Rohre, Schweißstellen) den Wärmeinhalt von beispielsweise 590 kcal/kg (Punkt *I*) auf 630 kcal/kg (Punkt *II*) bzw. 640 kcal/kg (Punkt *III*) erhöht. Die Temperaturen hinter dem Verdampferteil müssen daher in einem Sammler ausgeglichen werden, bevor der Dampf in den Überhitzerteil eintritt, damit die Unterschiede im letzteren nicht noch größer werden. Außerordentlich unstabil ist Fall B, wo dieselben Unterschiede den Austrittszustand von 560 kcal/kg (Punkt *I*) auf 750 kcal/kg (Punkt *II*) bzw. 725 kcal/kg (Punkt *III*) erhöhen. Einzelne Schlangen werden also zu nieder, andere zu hoch überhitzten Dampf liefern und u.U. vorzeitig verbrennen.

Man muß daher die einzelnen Heizflächenabschnitte parallel geschalteter Zwangdurchlaufrohre entweder durch Ausgleichskästen miteinander verbinden oder künstliche Strömwiderstände (Drosselscheiben oder enge Rohrstücke) in jede Schlange einschalten.

Der Sulzer-Einrohrkessel besteht aus wenigen parallel geschalteten, vom Eintritt des Speisewassers bis zum Austritt des überhitzten Dampfes getrennten, tunlichst gleich ausgeführten und angeordneten Rohrschlangen, nur die Abscheideflaschen sind manchmal für mehrere Schlangen gemeinsam. Beim Benson-Kessel sind zahlreiche in Serie angeordnete Bündel aus parallel geschalteten Rohrsträngen immer wieder in Sammlern vereinigt. Rohrdurchmesser und Zahl der parallel geschalteten Stränge werden dem sich ändernden spezifischen Volumen des Wärme-

[1] Der auffallend geringe Druckabfall rührt von dem gewählten niederen Reibungsbeiwert und dem großen Verhältnis von Wärmebelastung zu durchströmendem Gewicht $\frac{\text{kcal/m}^2\text{h}}{\text{kg/h}}$ her, das eine geringe Gesamtrohrlänge ergibt. Dadurch wird die Unstabilität übertrieben groß.

aufnehmers angepaßt[1]. Die Schaltung des Sulzer-Einrohrkessels ist einfacher, beim Benson-Kessel kann aber ein Schaden durch ein durchgebranntes Rohr ähnlich wie beim La Mont- oder Löffler-Kessel offenbar schneller durch Abstöpseln behoben werden.

Beim La Mont-Kessel überwiegt der Widerstand der Düsen den der Rohre beträchtlich, so daß Unterschiede des Reibungswiderstandes der einzelnen Rohre nicht viel ausmachen. Da außerdem bei Vollast etwa das achtfache des verdampften Wassers umgepumpt wird[2], könnten nur schwere Fehler beim Auslegen des Kessels oder sehr ungleichmäßige Beheizung Schwierigkeiten verursachen. Die ungünstige Auswirkung ungleichen Rostabbrandes auf den Überhitzer läßt sich aber wie bei Kesseln mit natürlichem Umlauf verhältnismäßig einfach beseitigen.

Beim Löffler-Kessel, der gleichfalls aus zahlreichen teils parallel, teils hintereinandergeschalteten Schlangen besteht, kann bei ungleichmäßiger Beheizung oder Fehlbemessung die Überhitzung in einigen Schlangen unzulässig hoch werden, ferner müssen zum Erzielen einer bestimmten Dampferzeugung die Überhitzung und die Leistung der Umwälzpumpe aufeinander abgestimmt sein. Unzureichende Überhitzung würde bei ihm also nicht nur wegen der Turbine[3], sondern auch wegen der bei knapp bemessener Umwälzpumpe nicht erreichbaren Dampferzeugung nachteilig sein.

c) Kraftbedarf der Speise- und Umwälzpumpen. Bei Zwangdurchlaufkesseln müssen die Speisepumpen einen erheblich höheren Druck überwinden als bei Kesseln mit natürlichem oder mit Zwangumlauf[4]. Kessel mit Zwangumlauf brauchen außer der Speisepumpe noch besondere Umwälzpumpen. Da ihr Kraftbedarf bei Verwendung von Dampf als Wärmeträger bei niederem Kesseldruck sehr hoch ist, eignen
26 sich Löffler-Kessel für Drücke unter 100 at nicht. Nach Abb. 26 ist der verhältnismäßige Kraftbedarf der Speise- und Umwälzpumpen bei Löffler-Kesseln am größten, bei Kesseln mit natürlichem Umlauf am

[1] Bei 100 t/h-Benson-Kesseln sind z. B. in den einzelnen Heizflächenteilen bis zu 100 Stränge parallel und bis zu 12 Bündel hintereinander geschaltet. Bei Sulzer-Einrohrkesseln beträgt die Geschwindigkeit bei Vollast etwa 1,5—3 m/s im Ekonomiserteil, 20—25 m/s im Verdampferteil und 25—30 m/s im Überhitzerteil. Der Benson-Kessel scheint mit etwas niedrigeren Geschwindigkeiten zu arbeiten.

[2] Beim Velox-Kessel wird etwa das 12- bis 15fache des bei Höchstlast verdampften Wasser umgewälzt.

[3] Erhöhung des spezifischen Dampfverbrauches, unzulässige Dampfnässe in den letzten Stufen.

[4] Bei Sulzer-Einrohrkesseln für einen Frischdampfzustand von 100 at und 475° beträgt der Pumpendruck bei Vollast etwa 130 at, der Druckverlust im Ekonomiserteil etwa 14 at, im Verdampferteil etwa 10 at, im Überhitzerteil etwa 6 at. Beim Benson-Kessel dürften die Verhältnisse ähnlich liegen. Die Förderhöhe der Umwälzpumpen bei Normallast beträgt bei La Mont-Kesseln etwa 2,5 at, bei Löffler-Kesseln etwa 4 at.

kleinsten, bei La Mont-, Velox- und Zwangdurchlaufkesseln liegt er etwas höher als bei normalen Wasserrohrkesseln. Insbesondere bei heißem Speisewasser oder in Heizkraftwerken mit hohem Gegendruck der Turbine kann der Mehrkraftverbrauch der Speise- und Umwälzpumpen von Löffler-Kesseln fühlbar ins Gewicht fallen. Um den Kraftbedarf der Umwälzpumpe zu verringern und den Löffler-Kessel auch bis herab zu Drücken von etwa 50 at geeignet zu machen, gehen die Bestrebungen jetzt dahin, den Umwälzdampf nach seiner ersten Überhitzung durch Heizschlangen zu senden, die von dem zu verdampfenden Wasser umspült werden und ihn dann nach nochmaligem Überhitzen in den Wasserinhalt der Kesseltrommel einzublasen. Eine weitere Verringerung des Kraftbedarfs der Umwälzpumpe soll unter geringfügiger Erhöhung des Druckes in der Trommel dadurch erzielt werden, daß der Nutzdampf nicht mehr durch die Umwälzpumpe geschickt wird. Der dadurch erzielten beträchtlichen Ersparnis an Kraftbedarf und der Ausweitung des wirtschaftlichen Druckbereiches steht freilich die Notwendigkeit der gelegentlichen Reinigung der Heizschlangen ähnlich wie beim Schmidt-Hartmann-Kessel (s. S. 23) gegenüber, andererseits dürfte mit einer Erhöhung der spezifischen Belastbarkeit des Dampfrauminhalts bzw. des Wasserspiegels und einer entsprechenden Verbilligung der Trommeln zu rechnen sein.

d) Regelung. Der La Mont-, der Velox-und der Löffler-Kessel können ebenso wie Kessel mit natürlichem Umlauf auf gleichbleibenden Wasserstand in der Kesseltrommel von Hand oder durch einen selbsttätigen Speisewasserregler gefahren werden. Infolge der Pufferwirkung der Kesseltrommeln macht es wenig aus, wenn bei Laständerungen die Speisewasser- bzw. Brennstoffzufuhr nicht sofort oder genau der veränderten Dampfentnahme angepaßt wird. Da beim Velox- und beim La Mont-Kessel außerdem die Verdampferheizfläche nie als Überhitzer wirken kann, wird sich bei Laständerungen die Frischdampftemperatur nicht stärker ändern als bei Kesseln mit natürlichem Wasserumlauf. Beim Löffler-Kessel läßt sie sich durch Regeln der Umwälzpumpe konstant halten. Bei Zwangdurchlaufkesseln dagegen verschiebt sich bei einer Laständerung auch die Zone zwischen Verdampfungs- und Überhitzungsheizfläche. Die selbsttätige Regelung ist daher bei Zwangdurchlaufkesseln grundsätzlich schwieriger, weil es besonderer Mittel bedarf, um Dampfentnahme, Brennstoff- (Luft-) und Speisewasserzufuhr schnell und ohne unzulässige Änderung der Überhitzung der neuen Last anzupassen. Der Lösung dieser Aufgabe ist eine umfangreiche Patentliteratur gewidmet und es wurde viel Scharfsinn, Zeit und Geld an die Entwicklung geeigneter Regelvorrichtungen verwandt.

Wegen der im Vergleich zu einer Turbinenregelung verhältnismäßig großen Trägheit von Kessel und Feuerung (besonders bei Rosten) müssen bei Zwangdurchlaufkesseln die bei Laständerungen erforderlichen Betätigungen derart mit geeigneten Apparaten vorgenommen und von Stellen geringer Anzeigeverzögerung abgeleitet werden, daß sich die Verstellung genügend schnell und ohne Überregeln vollzieht. Die Änderung der wichtigsten Betriebsgrößen, vor allem der Speisewasser- und Brennstoffzufuhr, wird heute mit Vorliebe ferngesteuerten Apparaten übertragen, die auf die Temperatur des überhitzten Dampfes, die Dampfentnahme, die elektrische Belastung des Werkes oder den Gegendruck (bei Vorschaltanlagen) ansprechen. Da mehrere Minuten vergehen, bis ein Wasserteilchen die ganze Heizfläche durchlaufen hat, würde ein am Austritt des Überhitzers eingebauter Thermostat zu langsam einwirken. Nahe dem Beginn der Kesselheizfläche erfolgt aber die Temperaturänderung etwa proportional derjenigen am Überhitzeraustritt, paßt sich jedoch dem neuen Beharrungszustand viel schneller an.

Infolgedessen verwendet Sulzer bei stark wechselnder Belastung zwei Thermostaten, und zwar mit hydraulischer Übertragung. Der der Feinregelung dienende Endthermostat sitzt hinter dem Überhitzer und betätigt eine Wassereinspritzung in ihn. Der Zwischenthermostat sitzt unmittelbar vor der Einspritzstelle und wirkt auf Speisewasser- bzw. Brennstoffzufuhr ein. Das Anpassen der Regelung an Laständerungen verbessert noch ein zwischen Speisewasserregler und Zwischenthermostat geschalteter Differentialregler, der auf die Schnelligkeit der zeitlichen Temperaturänderung anspricht, die ein brauchbares Maß von der Heftigkeit des Lastwechsels gibt. Durch einen sog. Addierschieber kommt die Summe aus dem Absolutwert der Temperatur und der Schnelligkeit ihrer Änderung zur Auswirkung. Außerdem hält ein selbsttätiges Überströmventil als besondere Sicherheitsmaßnahme den Druck hinter Überhitzer konstant, damit der Kessel bei heftigen Spitzen nicht überkocht. Sinkt die Dampfentnahme auf weniger als 25% der Vollast, so leitet ein anderes selbsttätiges Ventil den Dampf in den Kondensator oder unmittelbar zu den Niederdruckwärmeverbrauchern ab.

Beim Benson-Kessel regelt ein von einer Betriebsmeßgröße abhängiger Hauptregler die Kesselleistung und verstellt das festgelegte Verhältnis von Brennstoff, Luft und Wassermenge. Parallel hierzu regelt ein von einem in der Kesselheizfläche oder am Überhitzerende sitzenden Fernthermometer beeinflußter Feinregler auf konstante Heißdampftemperatur. Der Unterdruck im Feuerraum wird durch einen besonderen Unterdruckregler beeinflußt. Rückführungen verhindern ein Überregeln.

Sulzer verzichtet bei Öl- und Gasfeuerungen im allgemeinen auf Handregelung, beim Benson-Kessel wird bei Handbetrieb mittels Druckknopfsteuerung nach einem Temperaturanzeiger am Überhitzerende geregelt. Es wird öfters zweckmäßig sein, bei Laständerungen Brennstoff-, Wasser- und Luftzufuhr durch eine Betätigung von Hand gemeinsam und gewis-

Berichtigung zu „Münzinger, Zwanglaufkessel".

Seite 17, Zeile 16 von oben: lies „Zwangdurchlaufkessel" statt „Zwangumlaufkessel".

sermaßen grob zu verstellen und je nach dem Grade der Automatisierung das feine Nachregeln den hierfür vorgesehenen Reglern zu überlassen, wobei man häufig darauf verzichten wird, die selbsttätige Regelung auf die Rostfeuerung auszudehnen. Bei La-Mont-Kesseln läßt sich die Kesseltrommel auch bei Rostfeuerungen stets genügend groß machen, um selbst stärkste unerwartete Lastwechsel ausgleichen zu können, während bei Zwangdurchlaufkesseln wahrscheinlich besondere Puffer unerläßlich sind. Sie lassen sich bei Heizkraftbetrieben (chemische Fabriken, Papierfabriken usw.) in Gestalt von Wärmespeichern fast stets an einer passenden Stelle im Niederdrucknetz mühelos und preiswert einschalten, nicht aber im selben Maße bei reinen Kondensationskraftwerken, bei denen wohl nichts anderes übrig bleibt, als die Lastschwankungen durch Kessel mit natürlichem Wasserumlauf und reichlich bemessenem Wasserinhalt aufnehmen zu lassen. Aber selbst bei reinen Öl- und Gasfeuerungen kann man bezweifeln, ob die Automatik so empfindlich gemacht werden kann, daß Werke, in denen nur Zwangumlaufkessel stehen, Frequenz fahren können. Die Auffassung, daß bei Zwangdurchlaufkesseln Kesssel- und Maschinenanlage als eine zusammenhängende Reguliereinheit aufzufassen sind, ist heute allgemein. Während bei schroffen Lastwechseln der Benson-Kessel durch Drucksenkung noch eine gewisse zusätzliche Dampfmenge hergeben kann, ist dies bei dem auf konstanten Frischdampfdruck regelnden Sulzer-Einrohrkessel unmöglich. Bei Kesseln mit natürlichem und mit Zwangumlauf bereitet es schließlich keine Schwierigkeiten, vom selbsttätigen Betrieb (selbsttätige Speisung) schnell auf Handbetrieb überzugehen. Bei unerwarteten plötzlichen Störungen der Automatik von Zwangdurchlaufkesseln dürfte es aber nicht immer leicht fallen, die Störungsursache schnell zu finden und während der Störung die erforderlichen Hantierungen richtig vorzunehmen.

Bei Zwangumlaufkesseln kann schließlich die Sammeltrommel unschwer genügend groß gemacht werden, um auch bei sehr hohen Drücken über Stockungen in der Speisung von 5—10 Minuten hinwegzukommen, ein Vorteil, der freilich durch die Notwendigkeit von Umwälzpumpen erkauft wird.

Beim Anheizen von Zwangdurchlaufkesseln muß erst ein künstlicher Durchlauf geschaffen werden, beim Anheizen von Löffler-Kesseln ist Hilfsdampf aus einem anderen Kessel nötig, Velox-, La Mont-Kessel und Kessel mit natürlichem Umlauf brauchen besondere Maßnahmen nicht.

6. Kosten der verschiedenen Kesselsysteme.

Sämtliche Zwanglaufkessel können aus erheblich engeren Rohren als Kessel mit natürlichem Umlauf gebaut werden. Ihre Heizfläche wird deshalb und wegen des höheren Wärmeübergangs enger Rohre wesent-

lich billiger, weil das für eine bestimmte Wärmeaufnahme erforderliche Rohrgewicht (und damit natürlich auch die entsprechenden Rohrkosten)
27 mit dem Rohrdurchmesser zunimmt (Abb. 27). Bei 30 mm l. W. betragen z. B. die Kosten der zum Übertragen einer bestimmten Wärmemenge erforderlichen Rohre nur etwa 40% derjenigen bei 80 mm l. W. Ein für einen 70 at-Kessel von 50 t/h Leistung aufgemachter Kostenüberschlag ergab, daß das Gewicht der reinen Kesselheizfläche samt Trommeln, Sammlern, Fall- und Steigrohren beim La-Mont-Kessel nur etwa 35% desjenigen eines normalen Zweitrommel-Steilrohrkessels ist und daß bei gleichem Nutzen vollständig betriebsfertige La-Mont-Kessel samt Ekonomisern, Luftvorwärmern, Überhitzern, Einmauerung, Montage um etwa 15% billiger gebaut werden können als normale Zweitrommel-Steilrohrkessel mit in besondere Sammelkästen eingewalzten Feuerraumkühlflächen. Am billigsten werden Zwangdurchlaufkessel, weil bei ihnen die Kesseltrommel wegfällt. Ihr Preisvorsprung vor Zwangumlaufkesseln wird aber durch die selbsttätigen Regelorgane mindestens teilweise wieder ausgeglichen. Bei hohen Drücken und großen Leistungen dürften Zwangdurchlaufkessel samt selbsttätiger Regelung, Speisepumpe und Antriebsmotor und La Mont-Kessel samt Speisepumpe, Umwälzpumpe und Antriebsmotoren etwa gleich teuer werden, bei kleinen Leistungen dürften La Mont-Kessel eher etwas billiger als Zwangdurchlaufkessel sein. Zwanglaufkessel versprechen jedenfalls beträchtliche Ersparnisse. Ihr Preisvorteil vor Kesseln mit natürlichem Umlauf ist bei hohem Druck am größten.

Die Überlegenheit des einen oder des anderen Kesselsytems mit Bezug auf die Anlagekosten hängt auch davon ab, ob der Kessel sowieso eine vollautomatische Regelung erhalten soll oder nicht. Im bejahenden Fall sind Zwangdurchlaufkessel etwas im Vorteil, und zwar vor allem bei Öl- und Gasfeuerungen, die an sich für selbsttätige Regelung besonders geeignet sind. Auch die Kosten für das Kesselhaus werden bei Zwanglaufkesseln kleiner, da man mit geringerer Bauhöhe und kleinerem Platzbedarf als bei normalen Wasserrohrkesseln auskommt.

28 Nach Abb. 28 werden zur Zeit für dieselben Verhältnisse öfters Löffler-Kessel mit demselben oder einem größeren Trommelvolumen angeboten als Kessel mit natürlichem Wasserumlauf. Ihre aus verschiedenen Angeboten ermittelten Kosten einschließlich der Umwälzpumpe liegen zwischen denen von La Mont-Kesseln und Kesseln mit natürlichem Umlauf. Die Angebotspreise sämtlicher Sonderkessel geben aber zur Zeit oft kein richtiges Bild von ihrer Preiswürdigkeit gegenüber normalen Kesseln, weil der Absatz und die Erfahrung weit kleiner als bei normalen Kesseln sind und weil bei der Preisstellung auch nicht rein technische Faktoren mitspielen. Hierauf sind auch die lediglich aus Angeboten gewonnenen, manchmal so widersprechenden Ansichten über die Wettbewerbs-

fähigkeit von Sonder- und normalen Wasserrohrkesseln zurückzuführen. Es wird zuweilen die Ansicht vertreten, Höchstdruckkessel mit natürlichem Wasserumlauf seien bezogen auf gleiche elektrische Leistung nicht teurer als Kessel für 20—40 at Druck. Dies mag im einen oder anderen Falle zutreffen, wenn z. B. keine Kühlflächen vorhanden sind, der Kessel nur mit Kondensat gespeist wird und keine heftigen Spitzen aufnehmen muß oder wenn eine Firma ein besonderes Interesse daran hat, einen Höchstdruckkessel zu verkaufen und daher das größere Risiko und die Entwicklungskosten nicht berücksichtigt oder aus Mangel an Erfahrungen die Herstellungskosten unterschätzt. Bei zahlreichen von mir bearbeiteten Anlagen hat sich aber immer wieder gezeigt, daß bei gleichwertiger Ausführung und gleichem Lieferungsumfang 100 at-Kessel um etwa den in meinem Buche „Dampfkraft" angegebenen Betrag teurer werden als solche von gleicher elektrischer Nutzleistung für 30—40 at.

Bei Zwanglaufkesseln werden sich die Ersparnismöglichkeiten erst bei größerem Absatz voll auswirken. Inzwischen sind, wie in Abschnitt 2 gezeigt wurde, die Kesselfabriken nicht untätig gewesen, um auch normale Wasserrohrkessel noch weiter zu verbilligen. Mindestens bei stark gekühlten Feuerräumen und kleinen und mittleren Einheiten werden aber Zwanglaufkessel wohl stets billiger bleiben. Der Wettbewerb von Zwanglaufkesseln wird aber sicher auch zu Fortschritten im Bau normaler Wasserrohrkessel führen und sich u. a. in ihrer Vereinfachung und Verbilligung auswirken, ähnlich wie das Aufkommen der Staubfeuerungen seinerzeit eine erhebliche Vervollkommnung mechanischer Roste nach sich zog.

7. Zwanglaufkessel für Reserve- und Spitzenkraftwerke.

Der ausgeprägteste Spitzenkessel mit der leichtesten Heizfläche ist der Velox-Kessel. Seine spezifische Feuerraumbelastung beträgt bei Ölfeuerung bis zu 8 Millionen kcal/m^{3}h, die Leistung von 1 m^2 Verdampfungsheizfläche bei der der Strahlung ausgesetzten Heizfläche 260 000 bis 280 000 kcal/m^{2}h (bezogen auf den halben Rohrumfang), bei der Berührungsheizfläche 240 000 bis 300 000 kcal/m^{2}h. Infolgedessen wird das auf die übertragene Wärmemenge bezogene Gewicht der Heizfläche außerordentlich klein, so daß z. B. bei Antrieb des Gebläses durch eine reichlich bemessene Zusatzturbine nur 12—15 Sekunden vergehen, bis der Kessel von 20% auf 100% Belastung kommt[1]. Aber auch mit aus gewöhnlichen Rohrschlangen bestehenden Zwanglaufkesseln lassen sich, wie Verfasser aus anderem Anlaß gezeigt hat[2], bei Beheizung durch Öl

[1] Stodola: Z. VDI 1935, S. 429.
[2] Dampfkraft, S. 267 u. 311. Berlin: Julius Springer.

oder Gas ausgezeichnete Ergebnisse erzielen, wenn man sie als sog. Hochgeschwindigkeitskessel baut, weil sich dann die bei ihnen mögliche enge Rohrteilung[1] voll ausnutzen und die Kesselanlage gegenüber Wasserrohrkesseln mit natürlichem Wasserumlauf sehr verbilligen läßt. In Deutschland sind daher Zwanglaufkessel mit Gasfeuerungen vor allem für Hüttenwerke, mit Ölfeuerungen für Spitzen- und Reservekraftwerke vorteilhaft. Inzwischen wurden an einem ölbeheizten La Mont-Hochgeschwindigkeitskessel der Deutschen Werke von 31 m² Kesselheizfläche und 10 t/h Leistung mit einem gewöhnlichen Gebläse eine Feuerraumbelastung von 6 Millionen kcal/m³h und eine Abgastemperatur von 160° erreicht[2]. Man wird aber im allgemeinen bei größeren Anlagen mit der Feuerraumbelastung nicht über 2—3 Millionen kcal/m³h gehen. Da derartige Kessel nur aus einfachen, sehr elastischen Konstruktionselementen
29, 30 bestehen (Abb. 29 u. 30) und mit marktgängigen Gebläsen auskommen,
werden sie von keinem anderen Kesselsystem an Billigkeit, Einfachheit
31, 32 und Betriebssicherheit übertroffen[3] (Abb. 31 u. 32). Ob sie dem Velox-
Kessel mit Bezug auf in weiten Lastgrenzen gleichbleibenden Wirkungs-
33, 34 grad gewachsen sind, muß die Erfahrung lehren. Abb. 33 u. 34 zeigen einen
Entwurf der AEG für eine ausländische Elektrizitätsgesellschaft, wo auf gegebenem Raum eine tunlichst hohe Leistung möglichst billig unterzubringen war. Entsprechend dem für diesen Entwurf abgegebenen verbindlichen Preis betragen die Kosten[4] der betriebsfertigen Anlage einschließlich Kessel, Turbinen, elektrischer Eigenbedarfsanlage, Fundamenten und Baulichkeiten nur 95 RM/kW.

Namhafte Turbinenfirmen garantieren heute bei entsprechend gebauten 10 000 kW-Turbinen für das Evakuieren des Kondensators und das Hochfahren der Turbine eine Zeit von 5 Minuten. Dazu kam bisher noch die Zeit, die vergeht, bis der kalte Kessel auf die erforderliche Dampfabgabe gebracht ist. Mit nach dem La Mont-Prinzip gebauten Hochgeschwindigkeitskesseln lassen sich sowohl bei Ölfeuerung als auch bei kombinierter Rost-Ölfeuerung selbst völlig auf sich angewiesene Spitzenkraftwerke gemäß einem Vorschlag des Verfassers dadurch in einer bisher unerreicht kurzen Frist vom kalten Zustand auf volle Turbinenleistung bringen, daß die reichlich bemessene, vom Kessel ab-
35 schaltbare Trommel dauernd unter vollem Druck gehalten wird Abb. 35[5].
Ihr Wasserinhalt gibt dann während der Hochfahrzeit des Kessels unter Druckabsenkung die zum Evakuieren des Kondensators, zur Versorgung

---

[1] Siehe Anm. 2 auf Seite 19.

[2] Messungen an engrohrigen La Mont-Kesseln haben gezeigt, daß der Zugverlust bei Rohren unter 60 mm l. W. viel weniger beträgt als ich in meinem Buche „Dampfkraft“ angegeben habe, und am besten durch die Formel von Dr. Rei her wiedergegeben wird.

[3] Wellmann: Z. VDI 1935, S. 770.

[4] Bezogen auf deutsche Verhältnisse.

[5] DRP. angemeldet.

der Hilfsbetriebe (Kondensat-, Kühlwasser-, Umwälz- und Ölpumpe,
Gebläse) und zum Hochfahren der Turbine benötigte Dampfmenge her,
(Abb. 36). Zum einmaligen Hochfahren einer 10 000 kW-Turbine genügt 36
bei reiner Ölfeuerung bzw. kombinierter Öl-Rostfeuerung eine Trommel
von etwa 2 m l. W. und 5 bzw. 6 m Länge. Die Trommel braucht also
kaum größer zu sein, als man sie ohnehin bei Kesseln dieser Leistung
machen würde, und die zusätzlichen Kosten stehen in keinem Vergleich
zu den erzielten Vorteilen. Die Stillstandsverluste der unter vollem Kesseldruck gehaltenen Trommel betragen bei reiner Ölfeuerung etwa
15 kW, bei kombinierter Rost-Ölfeuerung etwa 22 kW, sind also so
geringfügig, daß sie durch elektrische Beheizung bequem gedeckt werden
können, wenn man nicht kleine Hilfsölbrenner vorzieht. Muß das Werk
auch während längerer Zeit Strom abgeben, so empfehlen sich in Ländern wie Deutschland kombinierte Öl- oder Gas-Rostfeuerungen, Öl bzw.
Gas werden dann nur solange verfeuert, bis der Rost seine volle Leistung
hergibt. Der Platzbedarf ist freilich nicht so klein wie bei Kesseln mit
reiner Öl- oder Gasfeuerung (Abb. 37 u. 38). Der in Abb. 37 dargestellte 37, 38
Kessel ist für eine von der AEG entworfene Anlage bestimmt, die sehr
schnell vom kalten Zustand auf Vollast kommen, aber auch längere Zeit
hindurch Strom liefern soll.

8. Rotierende Kessel.

Der aus sich drehenden Heizflächen bestehende Atmos-Kessel konnte
sich, wie vorauszusehen war, nicht einführen, weil die ihm zugeschriebe-
nen Vorteile nicht dem zu ihrer Erzielung benötigten Aufwand entspra-
chen. In den letzten Jahren sind der Vorkauf-Kessel und die Hüttner-
Turbine bekannt geworden (Abb. 39 u. 40), bei denen das Rotieren außer 39, 40
einem höheren Wärmeübergang den Wegfall der Speisepumpe und des
Saugzuggebläses erzielen soll. Beheizt man nämlich eine aus einem kalten
und einem warmen Schenkel bestehende Rohrschleife derart, daß am
inneren Ende des heißen Schenkels nur Dampf austritt (Abb. 41 bis 43), 41, 42, 43
so stellt sich infolge der verschiedenen spezifischen Gewichte unter der
Einwirkung der Zentrifugalkraft zwischen Ein- und Austritt der Rohrschleife ein Druckunterschied ein, der bewirkt, daß gerade soviel Wasser
zuströmt als Dampf abfließt. Eine besondere Speisepumpe ist also über-
flüssig. Beim Vorkauf-Kessel strömt der entwickelte Dampf durch die
hohle Welle zu einer den Kessel antreibenden Hochdruckturbine d
(Abb. 39), und dann zu dem die Brennkammer umhüllenden Zwischenüberhitzer h. Die Kühlung des vom überhitzten Dampf durchströmten
Lagers wird nicht leicht sein. Bei Hüttner bilden Kessel und Turbine
eine Einheit und kreisen im entgegengesetzten Sinne (Abb. 40, 42,
43). Infolge der eigenartigen Ausbildung der Hüttner-Turbine fließt

das Kondensat von selbst zum Kessel zurück, sie braucht also auch keine Kondensatpumpe. Die Erfahrung muß lehren, ob bei rotierenden Kesseln die Ersparnis an Heizfläche nicht durch den zum Überwinden ihres Drehwiderstandes benötigten Kraftverbrauch zu teuer erkauft und ob auf die Dauer ruhiger Lauf erzielbar ist. Es wird nicht leicht sein, die mit 100—170 m/s Umfangsgeschwindigkeit rotierende, aus zahlreichen Teilen zusammengeschweißte Heizfläche größerer Maschinen, die hoher Hitze ausgesetzt und von einem seine Konsistenz dauernd wechselnden Medium erfüllt ist, so herzustellen, daß sie den Wärmedehnungen nachgeben kann, aber trotzdem ausgewuchtet bleibt. Auch der Ersatz schadhafter Siederohre ist nicht einfach, während feststehende Zwanglaufkessel unschwer so gebaut werden können, daß sich eine schadhafte Stelle entweder leicht dicht schweißen oder das betreffende Rohrbündel gegen ein anderes bequem austauschen läßt. Darüber, ob die eigentliche Wasserförderung äußeren Arbeitsaufwand erfordert oder nicht, gehen die Ansichten auseinander. Es bleibt daher die Frage offen, ob der Kraftbedarf der Selbstspeisung kleiner ist als bei Kreiselpumpen, in denen die Strömungsverhältnisse an sich offenbar günstiger sind.

Bei Hüttner-Turbinen ist schließlich das Drehmoment der beiden gegenläufigen Turbinenhälften nicht gleich, was das Erreichen eines guten Turbinenwirkungsgrades erschwert, außerdem wären bei Verwendung der Hüttner-Turbine zum Antrieb von Hilfsmaschinen Anwurfmotoren nötig, um Turbine und Kessel in Gang setzen zu können. Auch der Vorkauf-Kessel müßte angeworfen werden.

Da zwischen Kessel und Turbine kein Absperrglied sitzt, stellt sich bei der Hüttner-Turbine zu einer bestimmten Belastung ein ganz bestimmter Kesseldruck ein. Da eine höhere Turbinenleistung nicht durch Vergrößern der Einlaßquerschnitte, sondern lediglich durch Steigern des Kesseldruckes erzielbar ist, muß jede Laständerung sofort durch eine entsprechend geänderte Brennstoffzufuhr gedeckt werden, was nicht so schnell gelingen dürfte, wie es z. B. zum Aufrechterhalten der Frequenz erforderlich ist.

Schließlich wird die Wärmeabfuhr des Kühlwassers bei der Hüttner-Turbine nicht einfach werden. Da sich Kühlwasser und Kondensat mischen, wird das eigentliche Kühlwasser in Oberflächenapparaten im Kreislauf gekühlt werden müssen.

Mindestens für ortsfeste Anlagen wird daher die Verwendungsmöglichkeit rotierender Kessel wenigstens beim heutigen Stande der Entwicklung beschränkt sein, aber auch bei Überwindung der gekennzeichneten Schwierigkeiten wird man bei vielen ortsfesten Anlagen auf die größere Einfachheit und bessere Übersichtlichkeit feststehender von der Turbine getrennter Kessel mehr Wert legen als auf den eleganten Zusammenbau von Turbine und Kessel in eine Einheit, zumal letztere als

Hochgeschwindigkeitskessel überaus kompendiös gebaut werden können und in der Ausführung als Zwangumlaufkessel auch gegen unreines Speisewasser verhältnismäßig unempfindlich sind. Dagegen ist es durchaus möglich, daß Vorkauf-Kessel und Hüttner-Turbine für Sonderzwecke Bedeutung gewinnen oder Ausgangspunkt für brauchbare Lösungen werden.

9. Der Schmidt-Hartmann-Kessel.

Der Schmidt-Hartmann-Kessel vereinigt einen Dampferzeuger und einen Dampfumformer derart in sich, daß die Rauchgase nur mit von Destillat durchströmter Kesselheizfläche in Berührung kommen und ist vor allem für Heizkraftbetriebe bestimmt, in denen ein Teil des erzeugten Dampfes für die Fabrikation verloren geht.

Der Verteuerung, die dadurch entsteht, daß außer dem Primär- ein Sekundärsystem erforderlich ist, daß beide Systeme Armaturen brauchen und das primäre für einen wesentlich höheren als den Frischdampfdruck gebaut werden muß, steht die Ersparnis gegenüber, die sich aus der Herstellung der rauchgasberührten Heizfläche aus mehrfach gewundenen, 15—25 m langen Schlangen und aus der in den letzten Jahren erzielten Vereinfachung der Sekundärheizfläche ergibt.

Versuche von Dr. Quack[1] über den Wasserumlauf in den Primärschlangen eines 160/100 at-S. H.-Kessels ergaben bei allen Belastungen einen völlig stabilen Umlauf mit einer bemerkenswert gleichbleibenden Umlaufgeschwindigkeit von 0,45—0,5 m/s[2] und auch praktische Erfahrungen sprechen wenigstens bei höheren Drücken für eine gute Lebensdauer der Schlangen.

Für die in Zahlentafel 2, Spalte 20 angeführten Kessel gewährleistete die Erbauerin einen sicheren Betrieb bei Speisewasser von 500 mg/l Salzgehalt und einer Laugenkonzentration von 1,2° Bé (Abschlämmenge von 4,5%). Als Reinigungsdauer der Sekundärelemente wird je nach Kesselgröße und Härte des Kesselsteins eine Zeit von 5—10 Tagen angegeben. Ob es zweckmäßiger ist, die Sekundärelemente im Trommelinnern zu reinigen oder gegen saubere auszutauschen, muß die Erfahrung lehren.

---

[1] Mitt. Ver. Großkesselbes. 1933, S. 100.

[2] Das von Dr. Kehrer an einem 60 at-S. H.-Kessel beobachtete schnelle Pendeln der Eintrittsgeschwindigkeit zwischen +0,7 und —0,2 m/s trat nur in wenigen, schwach belasteten, verhältnismäßig kurzen Schlangen auf. Nach Dr. Quack ist es u. a. auf den geringen, dem Verhältnis $\frac{\text{Rohrlänge}}{\text{Rohrdurchmesser}}$ proportionalen Strömwiderstand (Dämpfung) der betreffenden Schlangen zurückzuführen. Bei dem von Dr. Quack untersuchten Kessel war der Dampfdruck rd. 2,5 mal und das Verhältnis zwischen Länge und lichtem Durchmesser der Schlangen (28,4 m Länge, 40 mm l. D.) etwa doppelt so groß.

Der Preis einiger vom Verfasser bearbeiteter S. H.-Kessel war etwa so hoch wie der von Zweitrommel-Steilrohrkesseln. Im allgemeinen dürften sich S. H.-Kessel im Vergleich zu normalen Wasserrohrkesseln preislich um so günstiger stellen, je weniger der Feuerraum mit Kühlfläche ausgelegt zu werden braucht.

10. Verdampfer- und Umformeranlagen.

Chemische Aufbereitungsanlagen eignen sich für manche Fälle schon wegen der schnell und stark wechselnden Wasserzusammensetzung nicht. Aber auch bei gleichbleibender Wasserbeschaffenheit ist die chemische Aufbereitung häufig nicht billig und verlangt besonders bei hohen Frischdampfdrücken große Aufmerksamkeit. Die namentlich für Heizkraftbetriebe wichtige Frage, ob es zweckmäßiger ist, die Kessel mit chemisch aufbereitetem oder in Verdampfern gewonnenem Wasser zu speisen oder den Fabrikationsdampf durch Umformen des Turbinendampfes zu gewinnen, ist aber abgesehen von der verschiedenen Lagerung der einzelnen Fälle auch deshalb ziemlich ungeklärt, weil über das Verhalten von Kesseln bei verschiedenartig aufbereitetem Speisewasser noch nicht viel Erfahrungen vorliegen.

Grundsätzlich läßt sich etwa folgendes sagen: Auch wenn zum Niederschlagen der Brüden nur das zu verdampfende Rohwasser zur Verfügung steht, sind bei sechsstufiger Verdampfung fast stets in sich geschlossene Verdampferanlagen möglich, die energiewirtschaftlich am günstigsten abschneiden, weil die Vorteile der Speisewasservorwärmung durch Gegendruck- bzw. Anzapfdampf voll ausgenutzt werden können, aber vielgliedrig und teuer werden. Bei 50% zurückgewonnenem Kondensat kommt man mit fünfstufigen, bei 70% schon mit dreistufigen und daher entsprechend billigeren Destillieranlagen aus.

Während der Überdruck in der ersten Stufe von Verdampferanlagen meist nur wenige Atmosphären beträgt, werden Dampfumformer für Drücke bis zu etwa 20 at gebaut und sind gegenüber ersteren dadurch im Nachteil, daß der Dampf in der Turbine nicht ganz auf den Heizdampfdruck expandieren kann, weil ein gewisses Temperaturgefälle zwischen Heizdampf und umgeformtem Dampf bestehen muß, mit dem man der Anlagekosten wegen nur in Ausnahmefällen unter etwa 7° gehen kann. Der wirtschaftlichste Gegendruck muß daher von Fall zu Fall bestimmt werden. Bei großen Leistungen und mäßigen Heizdampfdrücken sind Preis und Raumbedarf von Umformeranlagen im allgemeinen günstiger als von Verdampferanlagen, bei hohen Drücken kann für den Preis das Gegenteil zutreffen.

Als roher Anhalt möge dienen, daß 1 t/h dauernde Höchstleistung eines normalen 100 at-Wasserrohrkessels von 70 t/h Dampferzeugung etwa 9500 RM kostet, eine Umformeranlage samt Isolierung und Rohrleitungen bei 70 t/h Nutzdampfleistung und dem verhältnismäßig niedrigen Nutzdampfdruck von 2,5 ata je t/h Leistung bei 7° Temperaturgefälle etwa 1900 RM, bei 12° Temperaturgefälle etwa 1200 RM, das sind rd. 20 bzw. 13% der Kosten eines 100 at-Kessels, wenn die gesamte von ihm erzeugte Dampfmenge umgeformt wird[1].

Der Grundflächenbedarf einer Umformeranlage für 2,5 ata Nutzdampfdruck beträgt unter denselben Voraussetzungen bei 7° Temperaturdifferenz etwa 45%, bei 12° Temperaturdifferenz etwa 35%, ihre Bauhöhe etwa 40—50% derjenigen einer 100-at-Kesselanlage gleicher Leistung. Die Umformer können daher öfters über der Pumpenanlage aufgestellt werden.

Abb. 44 zeigt eine Umformeranlage von 100 t/h Leistung in dem von 44
der AEG gebauten Kraftwerk der Mikramag in Magdeburg. Der Heizdampfdruck beträgt 5,8 ata, der Nutzdampfdruck 4 ata. Der überwiegende Teil des 4 ata-Dampfes wird an eine chemische Fabrik abgegeben, der Rest in einem Brüdenkondensator (*l* in Abb. 44 u. 45) durch 45
das Turbinenkondensat niedergeschlagen und dient als Zusatzwasser für den Betrieb des Elektrizitätswerkes.

Bei ausschließlicher Speisung mit chemisch aufbereitetem Wasser muß die Wärme des Abschlämmwassers zum Erhitzen des Speisewassers ausgenutzt werden. Infolgedessen geht weniger Gegendruckdampf durch die Turbine und ihre Leistung wird entsprechend kleiner. Abb. 46[2] 46
zeigt das wärmetechnische Verhalten eines mit chemisch aufbereitetem Wasser und eines mit Destillat gespeisten Kessels bei einer Schaltung nach Abb. 47 u. 48, wenn der Frischdampfzustand 100 ata und 470°, der 47, 48
Gegendruck der Turbine bei Speisen mit chemisch aufbereitetem Wasser 2,5 ata, bei Umformen des Auspuffdampfes 3,2 ata bzw. 3,6 ata (7 bzw. 12° Temperaturdifferenz) ist. Ohne Vorwärmung beträgt das nutzbare Arbeitsgefälle von 1 kg Frischdampf 153 kcal. Je größer die Abschlämmwassermenge des Kessels ist, um so kleiner wird der Arbeitsgewinn durch Speisewasservorwärmung mittels Dampf. Aber auch bei Dampfumformern wird man mit ihrem Abschlämmwasser das Speisewasser vorwärmen. In Abb. 46 ist der Arbeitsgewinn durch Speisewasservorwärmung mittels Auspuffdampf der Turbine durch den auf 1 kg Nutzdampf sich ergebenden Gewinn an nutzbarem Wärmegefälle zum Ausdruck gebracht.

Würde z. B. bei 700 mg/l Salzgehalt des Speisewassers eine Konzentration des Kesselinhalts von 0,3° Bé, Punkt A, und eine Konzentration des Umformerinhalts von 1,2° Bé zulässig sein, Punkt B_1, bzw. B_2, so wäre die Arbeitsausbeute bei Dampfumformern und 12° Temperaturdifferenz rd. $\frac{5,5}{170} \cdot 100 = 3,2\%$, bei 7% Temperaturdifferenz rd. $\frac{10,8}{170} \cdot 100 = 6,3\%$ größer als bei Betrieb mit chemisch aufbereitetem Wasser.

[1] Bei Umformeranlagen von 200 t/h Leistung sinken die spezifischen Kosten um 10—15%; das Preisverhältnis von Kessel zu Umformer bleibt aber ungefähr dasselbe.

[2] Ich verdanke Abb. 46 der Freundlichkeit von Herrn Direktor Blaum der Atlaswerke.

Nach Abb. 46 hängt die wärmewirtschaftliche Überlegenheit von Umformeranlagen sehr vom Salzgehalt des Speisewassers und der zulässigen Konzentration des Kessel- bzw. Umformerinhaltes ab. Je höher die Konzentration im Kessel sein darf, um so enger wird wenigstens in wärmetechnischer Hinsicht das Gebiet, in dem Umformeranlagen mit einer chemischen Wasseraufbereitung in Wettbewerb treten können.

Aus demselben Grunde hängen auch die Aussichten des Schmidt-Hartmann-Kessels sehr von der in seiner Sekundärtrommel zulässigen Laugenkonzentration ab. Betriebstechnisch haben Dampfumformeranlagen vor Schmidt-Hartmann-Kesseln insofern einen gewissen Vorsprung, als ihre Reinigung einfacher und infolge ihrer Aufteilung in mehrere Einheiten ohne Stillegen der ganzen Anlage möglich ist. Man wird daher im allgemeinen mehr und kleinere Schmidt-Hartmann-Kessel aufstellen, als man es ohne Rücksicht auf ihre innere Reinigung tun würde. Mit einer Verringerung des Grundflächenbedarfs und einer Erhöhung der spezifischen Leistung (und damit einer Verbilligung der Anlagekosten) von Dampfumformeranlagen dürfte in absehbarer Zeit zu rechnen sein, was besonders Zwangdurchlaufkesseln zugute käme, weil dann Kessel und Umformeranlage etwa so billig werden wie normale Höchstdruckkessel ohne Umformer und weil die Schwierigkeiten mit dem Speisewasser wegfallen.

11. Zusammenfassung und Schluß.

In den vorangehenden Abschnitten wurden die Aussichten von Kesseln mit Zwanglauf unter sich und mit Kesseln mit natürlichem Umlauf verglichen. Derartige Untersuchungen sind z. T. auf fremde Berichte und Auskünfte angewiesen, die sich nicht immer nachprüfen lassen und bei denen verschiedene Beobachter infolge ihrer subjektiven Auffassung dieselbe Erscheinung nicht immer gleich beurteilen. Von der Zuverlässigkeit und Gleichartigkeit in der Bewertung der Auskünfte hängt aber die Richtigkeit der gezogenen Folgerungen wenigstens z. T. ab. Außerdem liegen über normale Wasserrohrkessel jahrzehntelange Beobachtungen und Erfahrungen vor, über Sonderkessel nicht. Man muß sich daher darauf gefaßt machen, daß sich bei letzteren mancher Übelstand erst im Laufe der Zeit herausstellen wird, ähnlich wie es bei normalen Kesseln der Fall war. Es ist deshalb eine vorsichtige Beurteilung der neueren Konstruktionen geboten und man sollte nicht unter dem Eindruck des Neuen lange Jahre bewährte Bauarten wegen gelegentlicher Fehlschläge sofort als überholt ansehen.

Zwanglaufkessel sind m. E. vor allem für folgende vier Zwecke geeignet:

1. Als Kleinkessel für Leistungen bis zu etwa 5 t/h für nahezu sämtliche Brennstoffe. Sie sind für die Ausfuhr nach überseeischen Ländern

bei geeignetem Speisewasser bzw. ordnungsgemäßer Wasseraufbereitung hervorragend brauchbar und eröffnen der deutschen Dampfkesselindustrie günstige Aussichten, wenn sie den Vorsprung, den sie hat, ausnützt und die eigenartigen Verhältnisse in Übersee berücksichtigt.

2. Bei mittleren und hohen Drücken für alle Leistungen.

3. Für Sonderzwecke, wie Spitzen-, Reserve- und Momentanreservekraftwerke sowie die sich häufenden Fälle der Sicherung wichtiger Betriebe gegen Fliegerangriffe.

4. Für die Beheizung mit Öl (besonders für die Ausfuhr) und mit Gas (besonders für die Hüttenindustrie) für alle Leistungen.

Auf dem Wege zu selbsttätigen Kraftwerken sind Zwanglaufkessel eine wichtige Etappe. Für den Bau von billigen, schnell hochfahrbaren Spitzen- und Reservekraftwerken bieten sie sowohl für reine Elektrizitäts- als auch Industriekraftwerke neue Möglichkeiten, die Sicherheit ausgedehnter verkuppelter Fernversorgungsnetze läßt sich durch sie mit mäßigen Kosten erheblich verbessern und die im Interesse der Landesverteigung in den letzten Jahren in den Vordergrund gerückte Auflockerung der Elektrizitätserzeugung wesentlich erleichtern. Wenngleich beim heutigen Stande der Entwicklung von einer grundsätzlichen Überlegenheit des Zwangdurchlaufs oder des Zwangumlaufs nicht gut gesprochen werden kann, so sind alles in allem Zwangumlaufkessel wegen der Speicherwirkung und der leichten Abschlämmbarkeit der Kesseltrommel zweifellos universaler verwendbar und weniger auf selbsttätige Regelung angewiesen als Zwangdurchlaufkessel, denn selbst bei reinen Öl- und Gasfeuerungen ist es zweifelhaft, ob ausschließlich mit Zwangdurchlaufkesseln ausgestattete Werke ohne zusätzliche Hilfsmittel z. B. den hohen Anforderungen des Frequenzfahrens gewachsen sein werden. Wesentlich günstiger liegen für sie, besonders wenn Destillier- und Dampfumformanlagen noch weiter verbilligt und vereinfacht werden, die Verhältnisse bei Heizkraftbetrieben, wo sich meist unschwer ausreichende Speicher ins Niederdrucknetz einschalten lassen.

Flammrohrkesseln und kleineren Wasserrohrkesseln mit natürlichem Umlauf dürften Zwangumlaufkessel auch deshalb eine fühlbare Konkurrenz machen, weil die Transport- und Montagekosten erheblich geringer werden und weil sie vielen kleinen und mittleren Industriebetrieben überhaupt erst die Anwendung wirtschaftlicher Frischdampfdrücke erschließen, was besonders beim Export ins Gewicht fällt.

Andererseits können die Erbauer von Kesseln mit natürlichem Wasserumlauf noch manches tun, um durch einfache billige Konstruktionen dem neuen Wettbewerber erfolgreich begegnen zu können, wobei ihnen die im natürlichen Wasserumlauf begründete große Einfachheit zustatten kommt. Die Aussichten der verschiedenen Bauarten werden daher nicht zum geringsten auch vom Können der mit ihrer Durchbildung beauftragten Ingenieure abhängen, wozu noch außerhalb des eigentlichen Kesselbaus liegende Einflüsse, wie Vervollkommnungen im Bau von chemischen Wasserreinigungsanlagen einerseits und von Verdampfer- und Dampfumformeranlagen andererseits kommen. Schließlich wird wenigstens bei hohen Dampfdrücken viel davon abhängen, ob ein vorzeitiges Versalzen der Turbinen bei gewissen Wässern überhaupt vermieden werden kann, wenn ein erheblicher Teil des Speisewassers chemisch aufbereitet wird.

Sind aber die Aussichten des Zwanglaufes schon bei vielen ortsfesten Anlagen günstig, so gilt dies in noch höherem Maße für ortsbewegliche, vor allem für Schiffe, wo sie in mancher Beziehung eine Revolution bedeuten und die Stellung der Dampfkraftmaschine im Kampfe gegen den Ölmotor zweifellos sehr verbessern. Schwierigkeiten werden sich bei Einführung von Zwanglaufkesseln nicht vermeiden lassen, und zwar auf anderen Gebieten voraussichtlich noch weniger als bei den Kesseln selbst. Eine enge Fühlung der Kesselbauer mit ihren diese Gebiete bearbeitenden Fachgenossen ist daher unerläßlich. Auf alle Fälle sollte aber die deutsche Kesselindustrie die Entwicklung der Zwanglaufkessel energisch vorwärts treiben. Sie wird hierbei um so größere Erfolge haben, je weniger sie sich auf den Standpunkt stellt, daß, sobald ein Bedarf an solchen Kesseln vorhanden ist, sie in der Lage wäre, brauchbare Konstruktionen zu liefern. Vielmehr wird, sobald geeignete Konstruktionen vorhanden sind, besonders für Sonderzwecke sich schnell ein entsprechender Bedarf einstellen.

Auf absehbare Zeit ist ebensowenig damit zu rechnen, daß Zwanglaufkessel Dampferzeuger mit natürlichem Wasserumlauf verdrängen wie, daß ein Universalkessel entsteht, der für alle Verhältnisse gleich gut geeignet und allen anderen Kesseln überlegen ist. Immerhin dürfte der aufmerksame Leser den vorstehenden Ausführungen entnehmen können, in welcher Richtung die Entwicklung nach Ansicht des Verfassers voraussichtlich weiter verlaufen wird und welche Konstruktionen beim heutigen Stande der Entwicklung in typischen Fällen aussichtsreicher als die anderen erscheinen. Hierbei darf man nicht außer acht lassen, daß bei uns im Gegensatz zu allen anderen Ländern außer den zahlreichen Spielarten von Kesseln mit natürlichem Wasserumlauf mindestens fünf Sonderkessel gebaut werden, wodurch der infolge unserer Vorliebe für persönliche Liebhabereien ohnehin hohe Anteil der Projektierungs- und Konstruktionskosten an den Gesamtkosten noch gesteigert wird. Auch deshalb ist es erwünscht, daß diejenigen Sonderkonstruktionen bevorzugt werden, die am universalsten anwendbar sind. Denn nicht jede Neuerung ist wesentlich, so wertvoll sie auch in akquisitorischer Hinsicht sein mag. Geradezu schädlich ist daher die Überproduktion an Abhandlungen, die über unerprobte oder nebensächliche Neuerscheinungen oft ohne Sachkenntnis in einer Weise berichten, die dem Leser ein völlig falsches Bild geben muß und die Industrie nutzlos beunruhigt. Auch auf diesem Gebiete kann guter Wille und Geschäftigkeit eben Wissen, Können und Erfahrung nicht ersetzen.

Aber auch Besteller und Sachverständige sollten sich in ihren Sonderwünschen Zurückhaltung auferlegen. Sachverständige, die pedantisch an Kleinigkeiten kleben oder glauben, ihre Sachverständigkeit durch ausgiebiges Bevormunden unter Beweis stellen zu müssen, haben ihre Aufgabe nicht verstanden. Freude an der Verantwortung, gesunder Menschenverstand und Selbstdisziplin sind bei privaten Sachverständigen ebenso unerläßlich wie bei beamteten, wenn die bewährten Bauvorschriften, die wir dank dem vorbildlichen Zusammenwirken der beteiligten Kreise besitzen, sich segensreich für die Gesamtwirtschaft auswirken sollen. Aber auch darüber muß man sich klar sein, daß die Kalkulation im deutschen Kesselbau öfters nicht gesund ist, weil sie die Entwicklungskosten oder das größere Risiko bei Neukonstruktionen vielfach nur ganz ungenügend berücksichtigt.

Zahlentafel 1. Hauptwerte der bisher bestellten, bzw. in Betrieb
Staaten von
(Für die Vollständigkeit kann keine

	Name des Kraftwerkes		Chicago, Calumet-Kraftwerk	Houston Tex., Deepwater-Kraftwerk	Boston, Edgar-Kraftwerk			Mason Fibre, Laurel	Masonite Corporation Laurel	Deepwater		Jersey, South Amboy-Kraftwerk
1	bestellt . . . . in Betrieb gesetzt		1923	1924	1923 1925	1926 1928	1928 1930	1925 1926	1928 1929	1928 1929	1928 1929	1929 1930
2	Kesselsystem und Anzahl der Kessel		Schrägrohrkes-									
			1	2	1	2	2	1	1	4	2	3
3	Feuerungssystem		Wanderrost	Gas	Stoker	Stoker	Stoker	Holzfeuerung	Holzfeuerung	Staubfeuerung	Staubfeuerung	Staubfeuerung
4	Kesseldruck	atü	84,5	96	84	98	98	85	85	85	85	98,5
5	Temperatur d. überhitzt. Dampfes	°C	398	450	371	388	398	Sattdampf	Sattdampf	385÷400	385	395
6	Kesselleistung max. dauernd	t/h		160	65	113	113 (136)	—	—	150	150	114 127
7	Zwischenüberhitzer . . .				Rauchgas	Rauchgas	Rauchgas			besonderer Zwischenüberhitzer-Kessel	Rauchgas	Sattdampf u. Rauchgas
8	Reine Kesselheizfläche . Reine Kühlfläche . . . . Summe beider	m^2 m^2 m^2	1460	730 137 864	1460	1400 114 1514	650 111 761	372	372	835 255 1090	835	670 189 859
9	Obertrommeln: Zahl . . lichter ⌀ zyl. Länge	 mm mm	1 1220		1 1220	1 1220 10600	1 1320			1 1320 15320	 1320	1 1320 12600
10	Untertrommeln: Zahl . lichter ⌀ zyl. Länge	 mm mm	—		—	—	—			—		—
11	Gesamtes Trommelvolumen	m^3			12,4	12,4				20,8		17,2
12	Dampfraum als halbes Obertrommelvolumen . .	m^3			6,2	6,2				10,4		8,6
13	**Trommelvolumen / max. Dampfleistung**	$\frac{m^3}{t/h}$				**0,11**				**0,139**		**0,12**
14	**Dampfraumbelastg. bezog. auf Pos. 12 und max. Dauerleistung . . . .**	$\frac{m^3/h}{m^3}$			**234**	**335**				**282**		**271**
15	**Gesamte Kesselheizfläche je t max. Dampfleistung**	$\frac{m^2}{t/h}$			**22,3**	**14,4**	**6,74**			**7,25**		**6,75**

gesetzten Kessel über 70at Druck in den Vereinigten Nordamerika.

Gewähr übernommen werden.)

New Jersey, Holland-Kraftwerk	San Antonio „B"-Kraftwerk	Philip Carey	San Francisco, Kraftwerk „A"		Houston Light and Power	State Line Kraftwerk		Firestone Tire u. Rubber Co., Akron	Milwaukee, Lakeside-Kraftwerk I	II	III	Kansas City, North-east-Kraftwerk	FordMotorCo., River Rouge-Kraftwerk	Milwaukee, Port Washington-Kraftwerk
1928 1930	1929 1931	1929 1931	1929 1931	1929 1931	1930 1932	1930 1932	1930 1932	1934	1925 1927	1928 1929	1929 1931	1929	1929 1931	1932 1933
sel									Steilrohrkessel					
2	1	2	1	2	2	4	2		1	1			2	1
Staubfeuerung	Gas- u. Ölfeuerung	Staubfeuerung	Gas- u. Ölfeuerung	Gas- u. Ölfeuerung	Gas- u. Ölfeuerung	Staubfeuerung	Staubfeuerung	Staubfeuerung	Staubfeuerung	Staubfeuerung	Staubfeuerung	Staubfeuerung	Staubfeuerung u. Gasf.	Staubfeuerung
98	102	129	95	95	102	98	98	98,5	91,5	91,5	91,5	98	95	98
400	432	426			445	445	445	404	385	398	398	385	398	449
114	93,5	68	227	227	158	227	158	136	norm. 91 136	norm. 91 136	norm. 91 136	105	norm. 227 318	312
Rauchgas	Sattdampf	Rauchgas	—	Sattdampf u. Rauchgas	Sattdampf	—	Rauchgas		Strahlung	Strahlung	Rauchgas	Strahlung	Dampf	Strahlung
735	465 94 559	435 260 695	992	992	720	840	840	1090 700 1790	2650 193 2843	2200 484 2684	2650	1575 213+31 1810	3000 476 3476	4090 486+226 4800
1320	1 1320	1 1220	1320	1 1320				1 1315 7000	2 1020 12 200	2 1020 9800		2 1020 9100	2	2 1020 18 700
—	—	—						—	1 1020 12 000	1 1020 12 200		1 1020 10 400	2	1 1020 18 700
								9,55	29,8	26		23,4		45,8
								4,75	10,18	8,04		7,48		15,35
								0,07	0,219	0,191		0,23		0,147
								527	268	339		278		412
	5,72	10,2						13,2	21	20,3		17,7	10,9	15,4

Druck von Julius Beltz in Langensalza.

Additional material from *Die Aussichten von Zwanglaufkesseln,*
ISBN 978-3-642-90140-9, is available at http://extras.springer.com

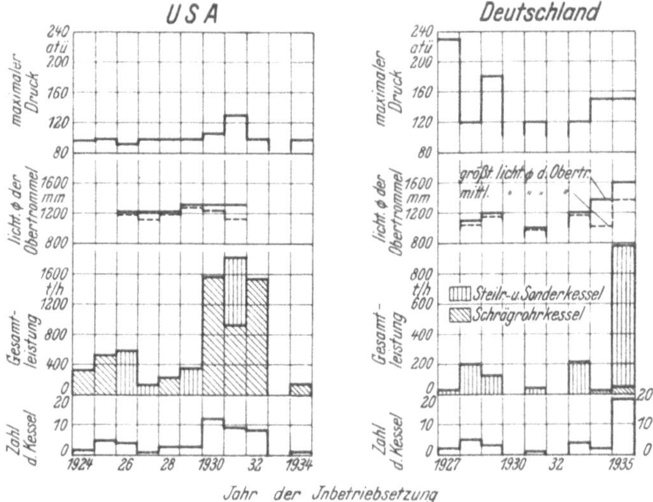

Abb. 1 und 2. Hauptwerte von amerikanischen und deutschen Dampfkesseln für Drücke von mehr als 70 at.

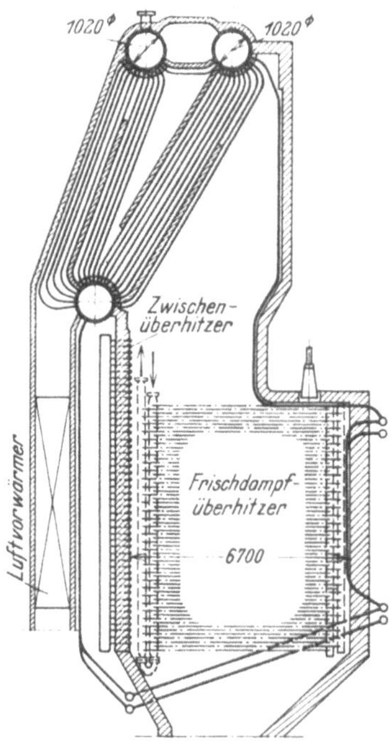

Abb. 3. 98 at-Dreitrommelsteilrohrkessel für 136 t/h Leistung im Lakeside-Kraftwerk. Baujahr 1926.

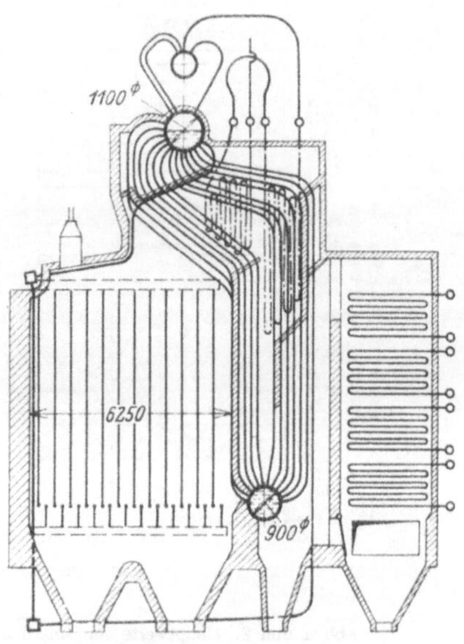

Abb. 5. 100 at-Hanomag-Zweitrommelsteilrohrkessel für 70 t/h Leistung im Großkraftwerk Mannheim. Baujahr 1928.

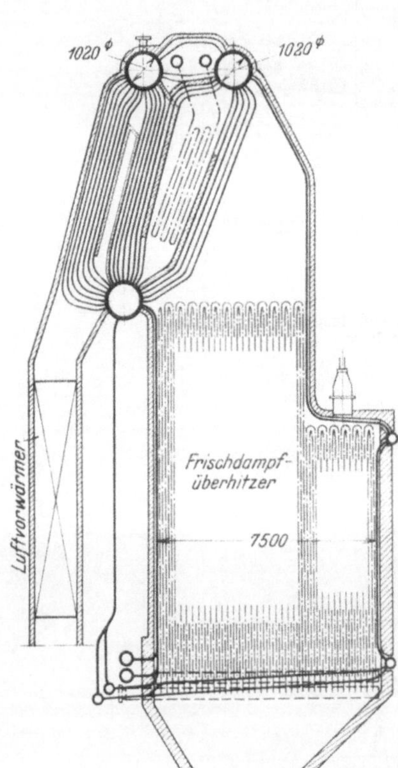

Abb. 4. 98 at-Dreitrommelsteilrohrkessel für 312 t/h Leistung im Port Washington-Kraftwerk. Baujahr 1933.

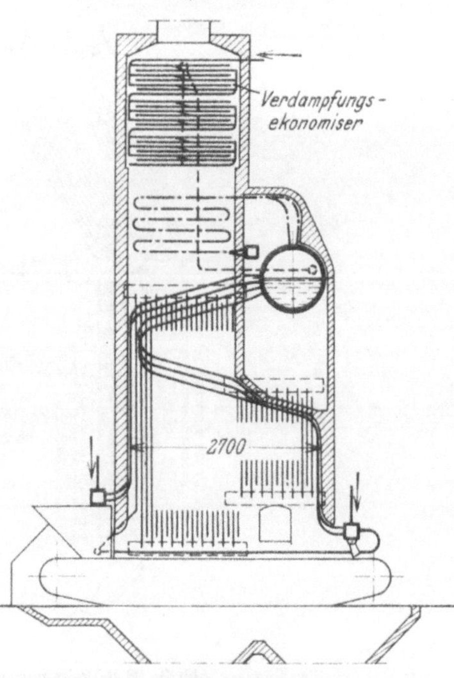

Abb. 6. Borsig-Eintrommelsteilrohrkessel. Entwurfsjahr 1934.

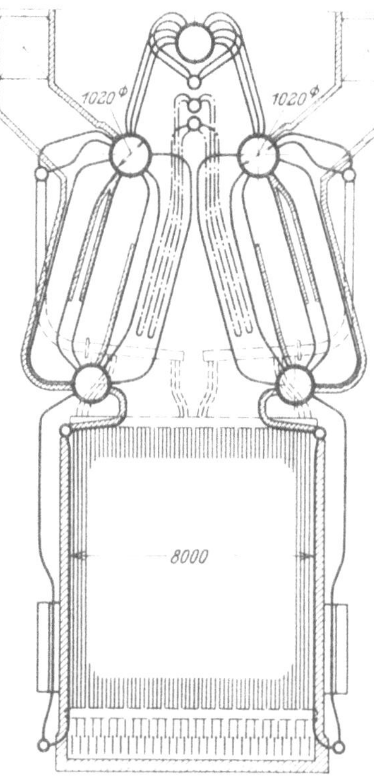

Abb. 7. 98 at-Doppelendersteilrohrkessel für 318 t/h Leistung im River Rouge-Kraftwerk. Baujahr 1931.

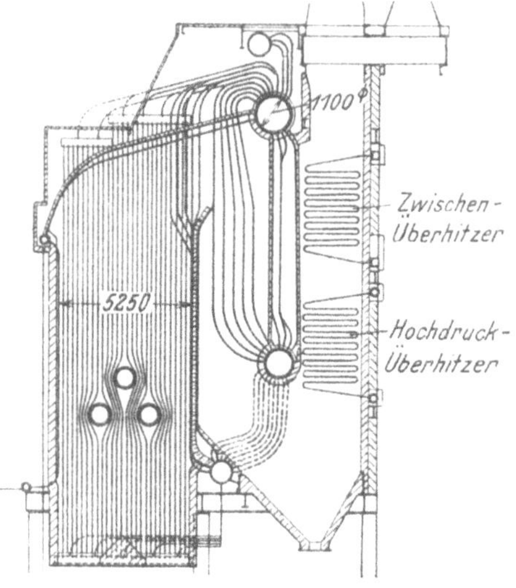

Abb. 8. 117 at-Dürr-Steilrohrkessel für 78 t/h Leistung bei der I. G. Farbenindustrie, Ludwigshafen. Baujahr 1933.

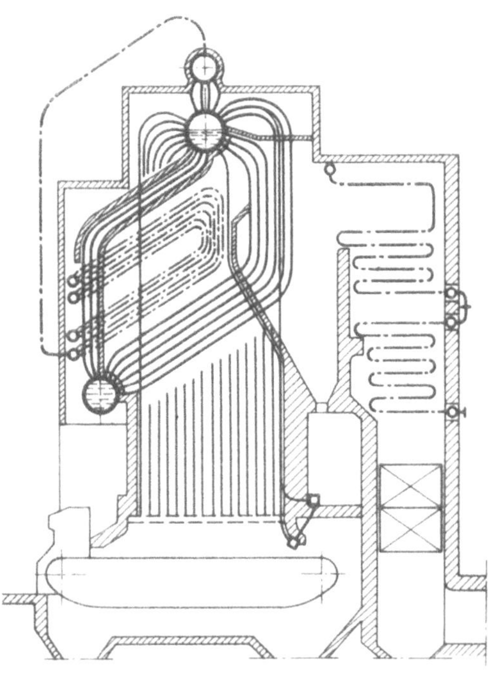

Abb. 9. Steinmüller-Zweitrommelsteilrohrkessel. Entwurfsjahr 1933.

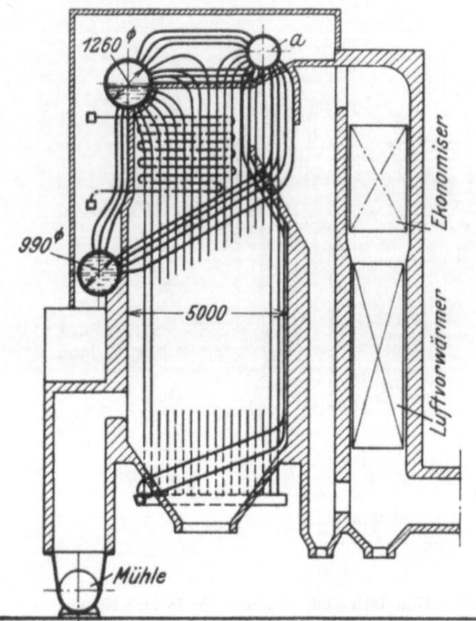

Abb. 10. 83 at-Steilrohrkessel für 45 t/h Leistung der Deutschen Babcockwerke. Entwurfsjahr 1935.

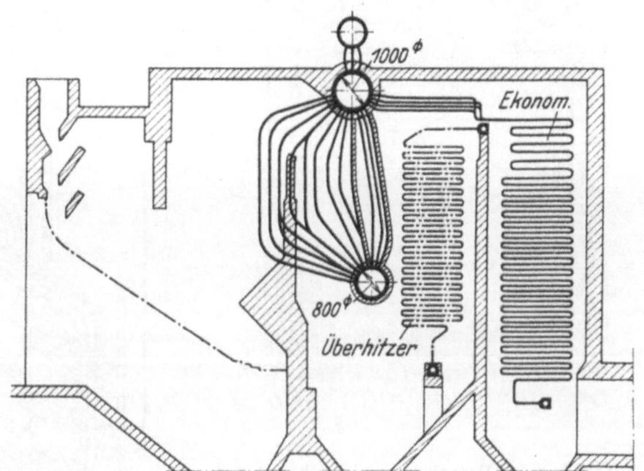

Abb. 11. 120 at-Borsig-Zweitrommelsteilrohrkessel für 40 t/h Leistung für Grube Ilse. Baujahr 1935.

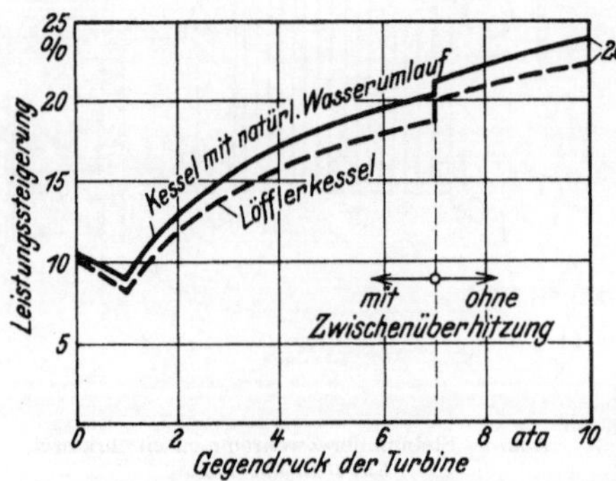

Abb. 12. Leistungsgewinn durch Vorwärmen des Speisewassers auf 200° mit Anzapfdampf und Zwischenüberhitzerkondensat bei verschiedenem Gegendruck hinter der Turbine. Frischdampfzustand 126 ata, 490°.

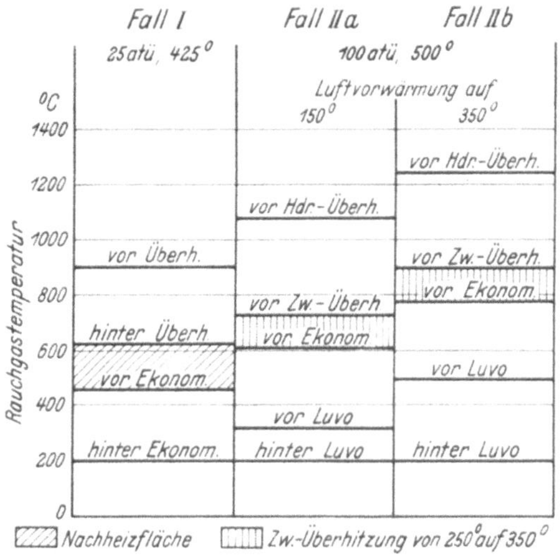

Abb. 13. Rauchgastemperaturen an verschiedenen wichtigen Stellen bei 25 atü- und bei 100 atü-Anlagen bei gleichbleibender Abgastemperatur (200°).

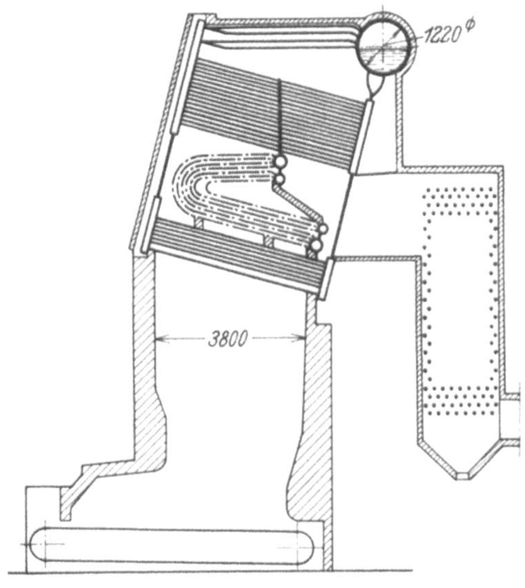

Abb. 14. 84 at-Babcock & Wilcox-Sektionalkessel für 45 t/h Leistung im Calumet-Kraftwerk. Baujahr 1923.

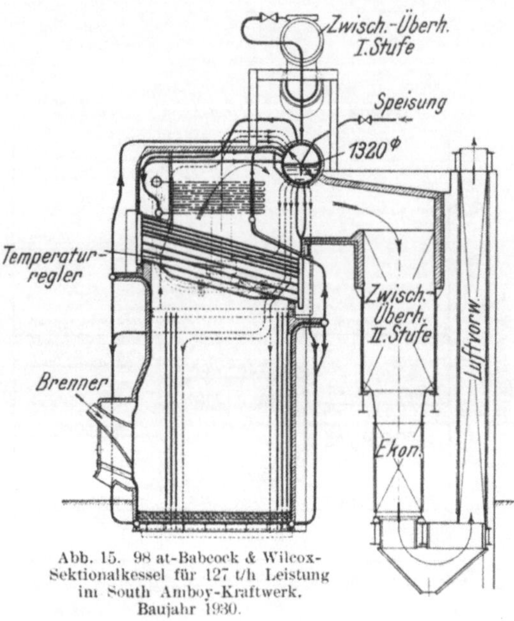

Abb. 15. 98 at-Babcock & Wilcox-Sektionalkessel für 127 t/h Leistung im South Amboy-Kraftwerk. Baujahr 1930.

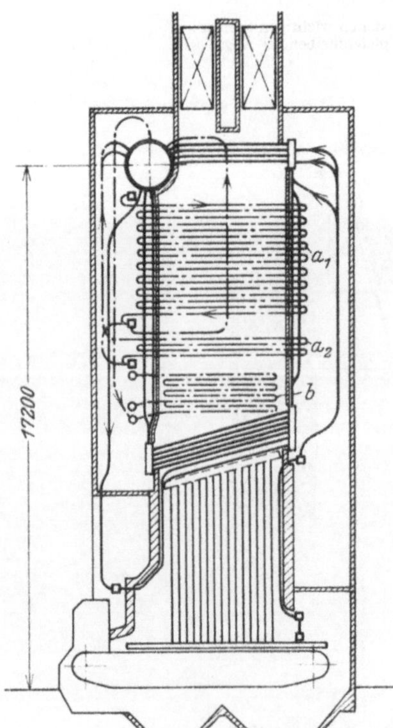

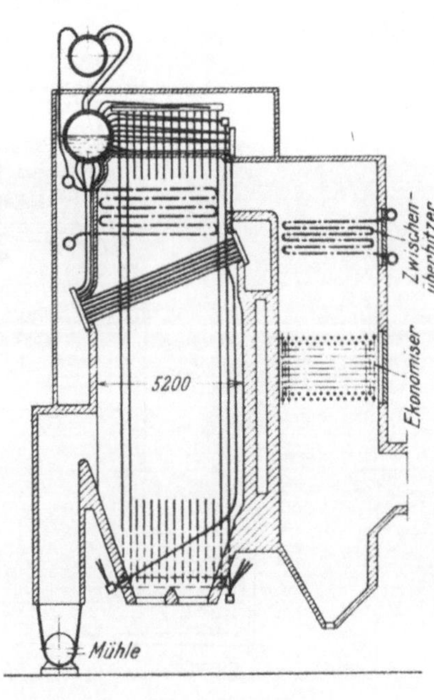

Abb. 16. 130 at-Sektionalkessel der Deutschen Babcockwerke. Entwurfsjahr 1933.

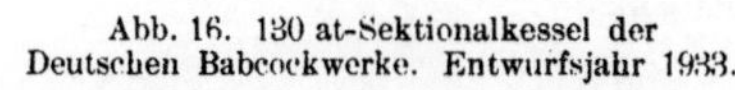

a_1 Ekonomiser, 140° auf 300°; a_2 Verdampfungs-Ekonomiser, 300° auf 330°; b Ueberhitzer.

Abb. 17. 125 at-Steinmüller-Sektionalkessel von 40 t/h Leistung der I. G. Farbenindustrie, Wolfen. Baujahr 1935.

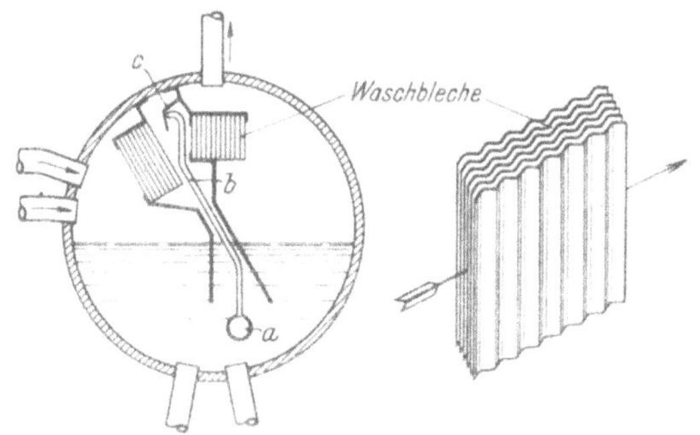

Abb. 18. In die Obertrommel eines Sektionalkessels eingebauter Dampfwäscher der Babcock & Wilcox Co., New York.
a Speisewassersammelrohr, *b* Speisewasserverteilungsrohre, *c* Spritzplatte.

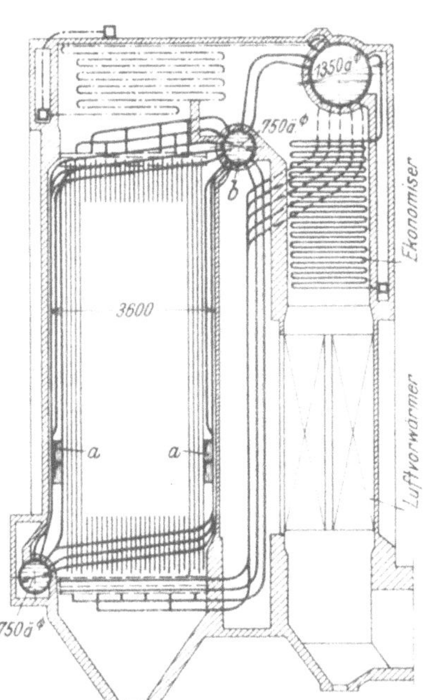

Abb. 19. 32 at-Strahlungskessel für 37 t/h Leistung der Kohlenscheidungs-Gesellschaft. Baujahr 1935.
a Eckenbrenner, *b* Abscheidetrommel.

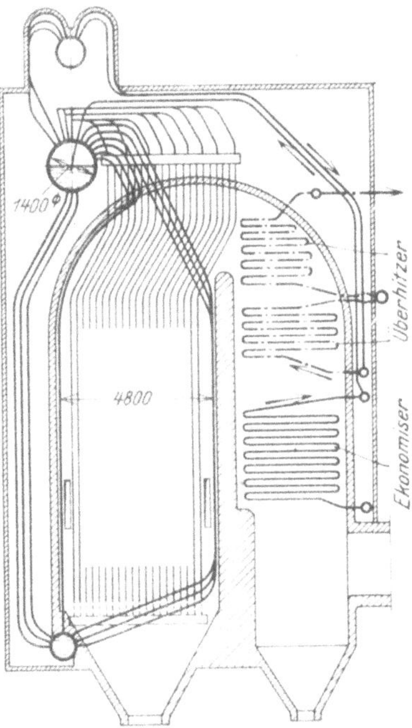

Abb. 20. 80 at-Strahlungskessel für 45 t/h Leistung der Dürrwerke. Entwurfsjahr 1935.

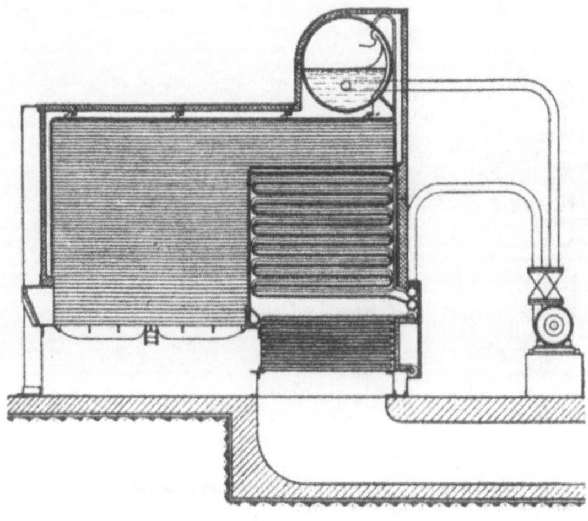

Abb. 21. La Mont-Kleinkessel von F. L. Oschatz, Meerane.

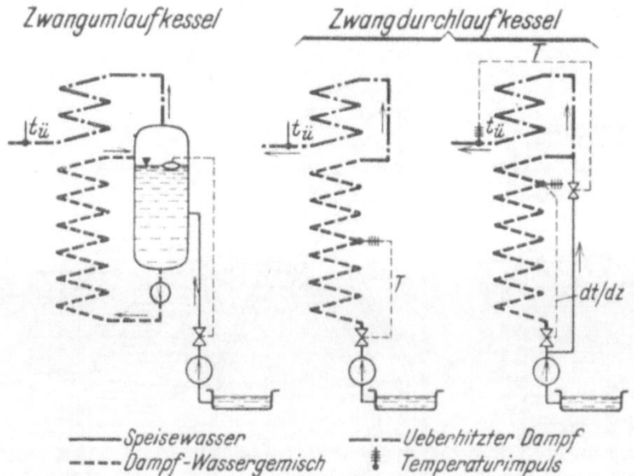

Abb. 22. Arbeitsschema verschiedener Zwanglaufkessel.

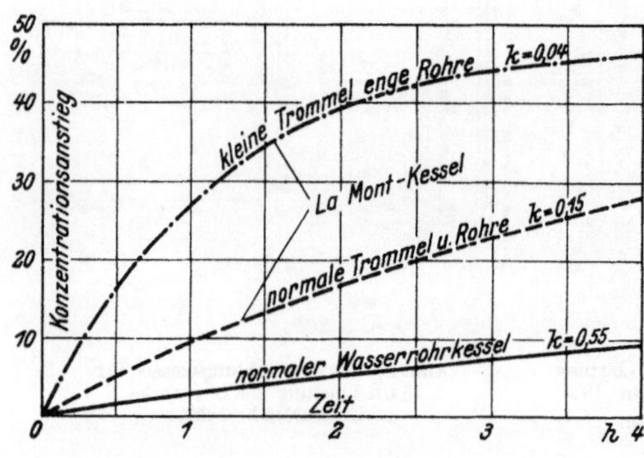

Abb. 23. Zunahme der Konzentration bei Uebergang von 2/3 Last auf 3/3 Last und konstant bleibender Abschlämmmenge.

k Wasserinhalt des Kessels bezogen auf die Höchstlast in $m^3/t/h$.

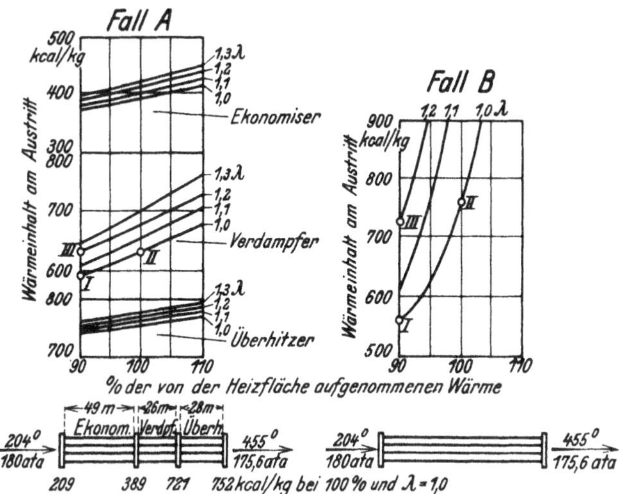

Abb. 25. Verhalten parallel geschalteter Zwangdurchlaufrohre mit und ohne Ausgleichkasten bei verschiedener von der Heizfläche aufgenommener Wärmemenge und verschiedener Reibungszahl λ der Rohre.

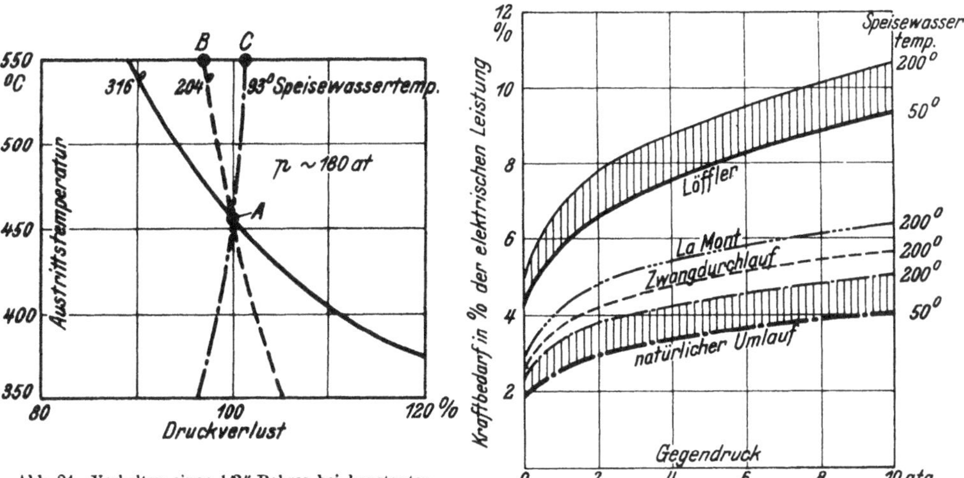

Abb. 24. Verhalten eines 1/2" Rohres bei konstanter Wärmeaufnahme (1660 kcal/m h) und verschiedener Eintrittstemperatur des Speisewassers.

Abb. 26. Kraftbedarf der Speisepumpe und der Umwälzpumpe in % der erzeugten elektrischen Leistung bei einem Anfangszustand des Dampfes von 130 at, 500° und verschiedenem Gegendruck der Turbine bei 50° und 200° Eintrittstemperatur des Speisewassers.

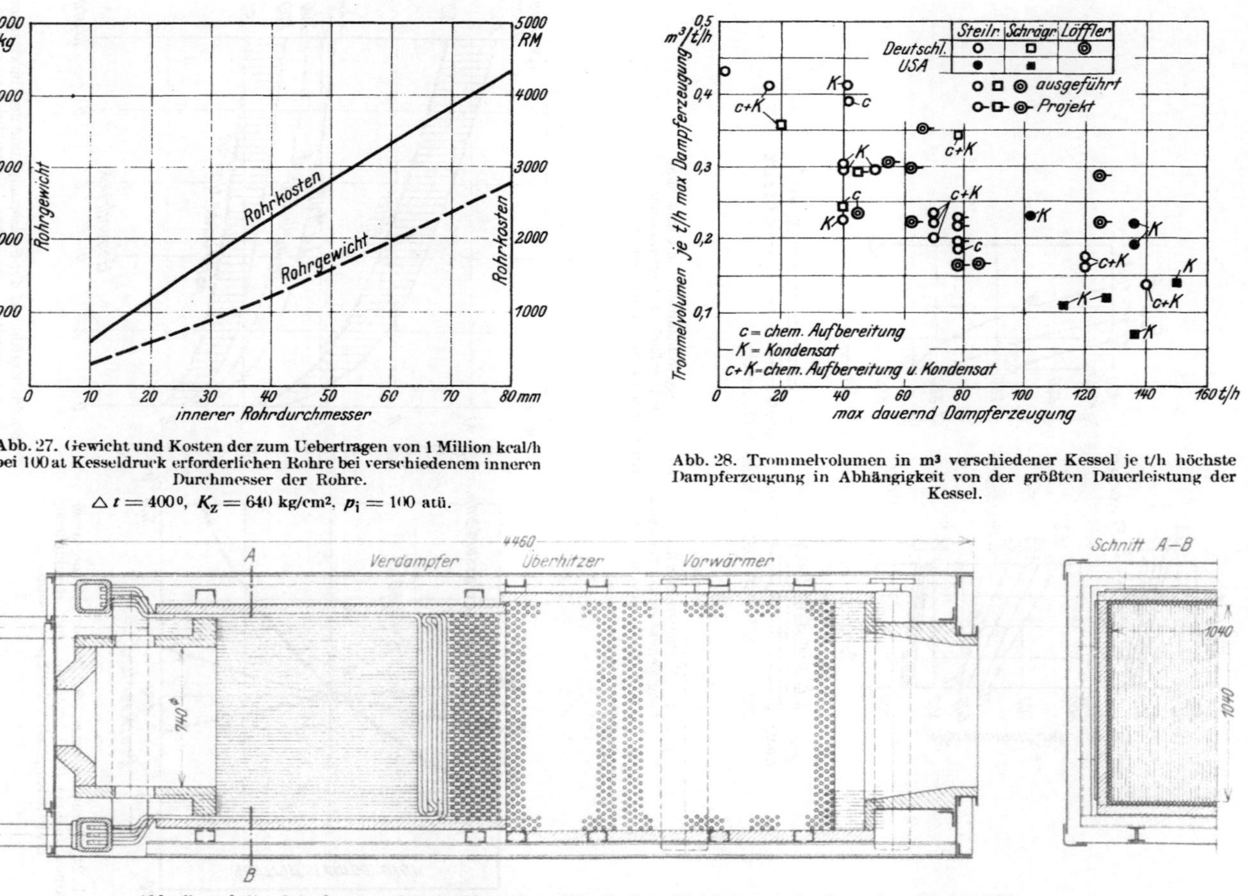

Abb. 27. Gewicht und Kosten der zum Uebertragen von 1 Million kcal/h bei 100 at Kesseldruck erforderlichen Rohre bei verschiedenem inneren Durchmesser der Rohre.

$\triangle t = 400^0$, $K_z = 640$ kg/cm², $p_i = 100$ atü.

Abb. 28. Trommelvolumen in m³ verschiedener Kessel je t/h höchste Dampferzeugung in Abhängigkeit von der größten Dauerleistung der Kessel.

Abb. 29 und 30. Oelgefeuerter 45 at-La Mont-Kessel für 10 t/h größte Leistung der Deutschen Werke, Kiel.

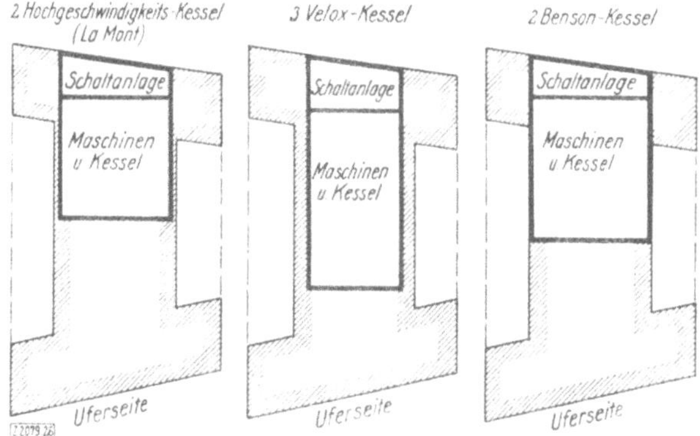

Abb. 31. Vergleich des Grundflächenbedarfes der Entwürfe von 3 Firmen für ein gasgefeuertes Heizkraftwerk von 100 Millionen kcal/h Anschlußwert der Berliner Städtischen Elektrizitätswerke.

	Entwurf AEG	Entwurf BBC	Entwurf SSW
Schaltanlage	146	150	134 m²
Kessel u. Maschinen	504	605	606 m²
Gesamter Platzbedarf	650	755	750 m²

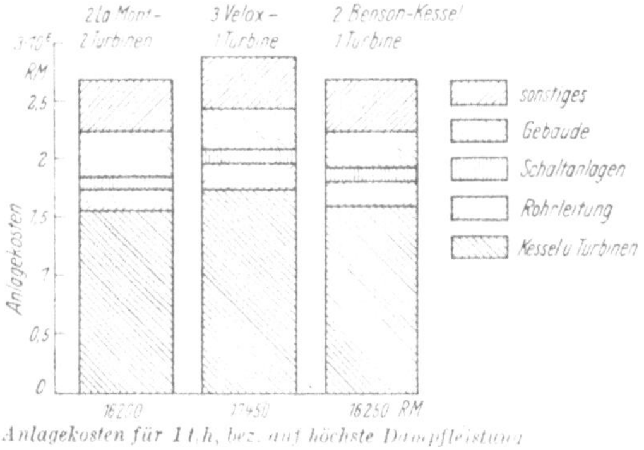

Abb. 32. Gesamtanlagekosten und Anlagekosten je t/h höchste Dampfleistung der 3 Entwürfe in Abb. 31. Nach Dr. Wellmann.

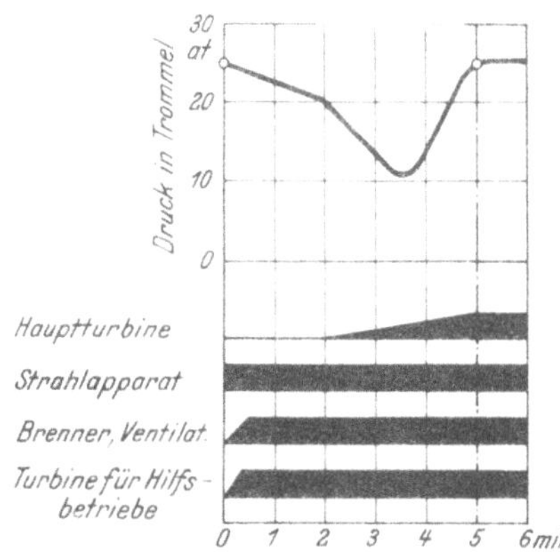

Abb. 35. Anfahren eines Momentan-Spitzenkraftwerkes mit La Mont-Hochgeschwindigkeitskesseln. Bauart AEG – Dr. Münzinger.

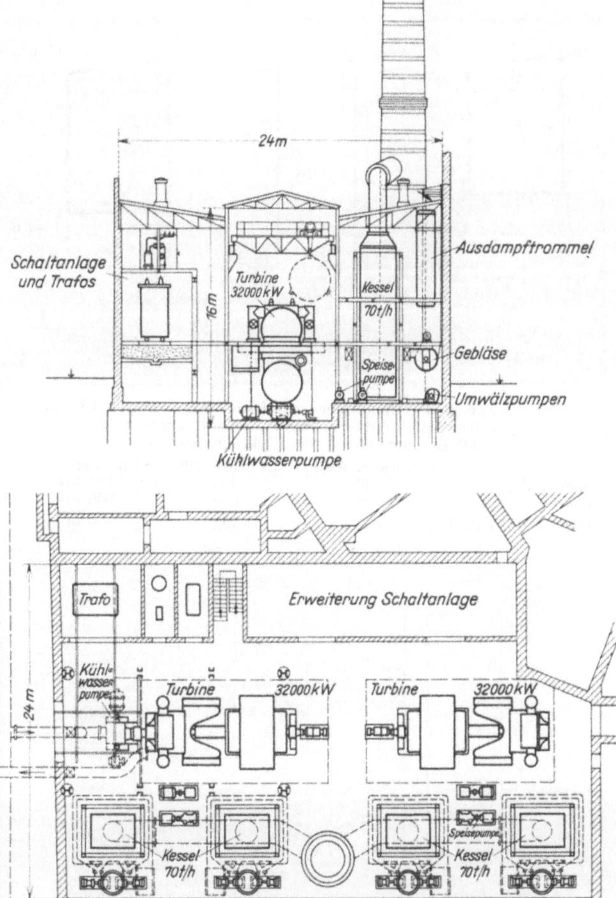

Abb. 33 und 34. Entwurf der AEG eines in einem vorhandenen Gebäude unterzubringenden Spitzenkraftwerkes tunlichst großer Leistung (64000 kW) mit ölgefeuerten La Mont-Hochgeschwindigkeitskesseln. Entwurfsjahr 1935.

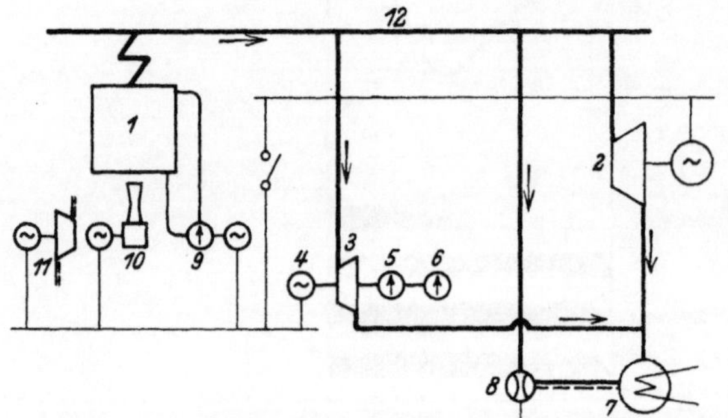

1 Kessel,
2 Hauptturbine,
3 Hilfsturbine,
4 Hilfsgenerator,
5 Kondensatpumpe,
6 Kühlwasserpumpe,
7 Kondensator,
8 Dampfstrahlluftsauger,
9 Umwälzpumpe,
10 Brenner und Oelpumpe,
11 Ventilator,
12 Hauptrohrleitung.

1, 12: ständig betriebsbereit,
3, 8, 7: bei Anfahrkommando in Betrieb gesetzt,
2: nach 2 Minuten in Betrieb gesetzt,
3: normal außer Betrieb.

Abb. 36. Schaltschema eines Momentan-Spitzenkraftwerkes. Bauart AEG — Dr. Münzinger.

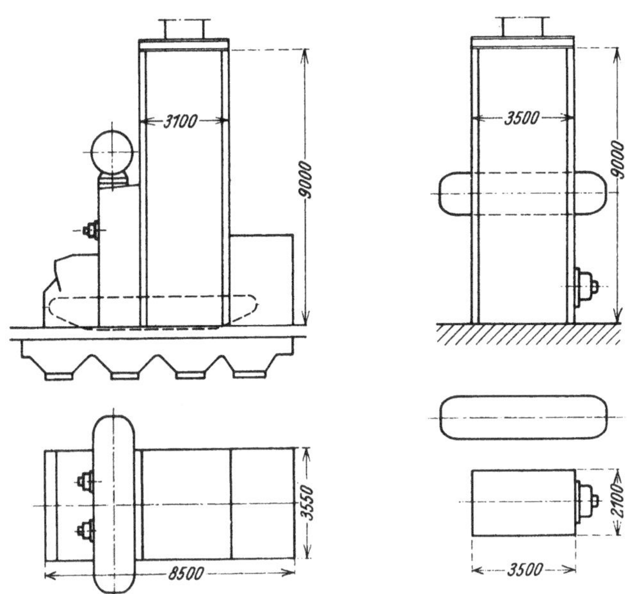

Abb. 37. Kombinierte Rost-Oelfeuerung. Abb. 38. Reine Oelfeuerung.

Abb. 37 und 38. Hauptabmessungen von 2 für ein Spitzenkraftwerk mit sehr kurzer Anfahrdauer bestimmten 30 at-La Mont-Kesseln für 26 t/h höchste Dampfleistung.

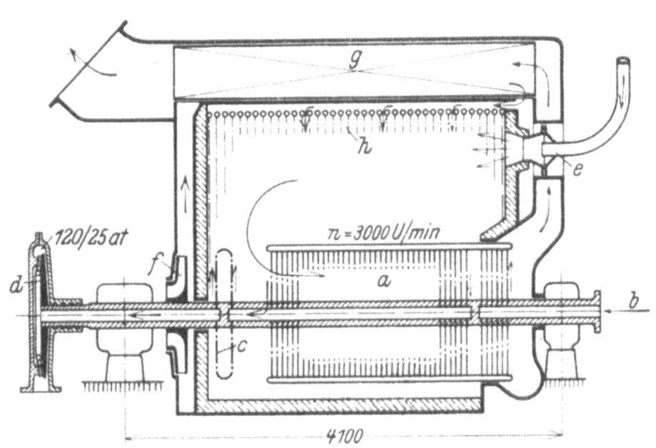

Abb. 39. Vorkauf-Kessel für 18 t/h Leistung.

a **rotierender Kessel,** ***b*** **Wassereintritt,** ***c*** **Ueberhitzer,** ***d*** **H. Dr.-Turbine,** ***e*** **Brenner,** ***f*** **Gebläse,** ***g*** **Luftvorwärmer,** ***h*** **Zwischenüberhitzer.**

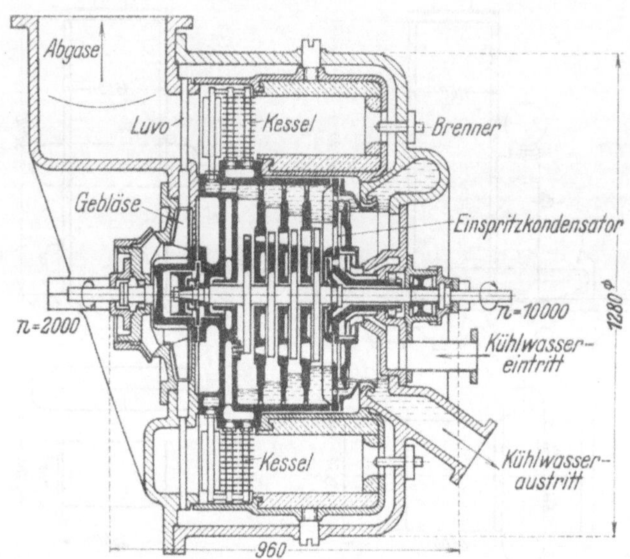

Abb. 40. 100 kW-Hüttnerturbine.

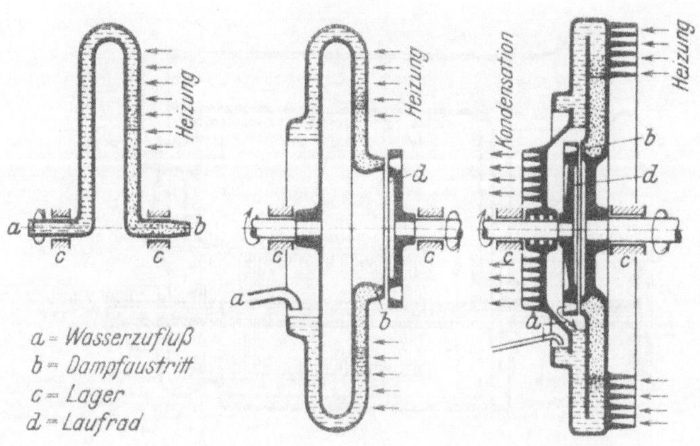

Abb. 41 bis 43. Arbeitsprinzip des Vorkauf-Kessels und der Hüttnerturbine.

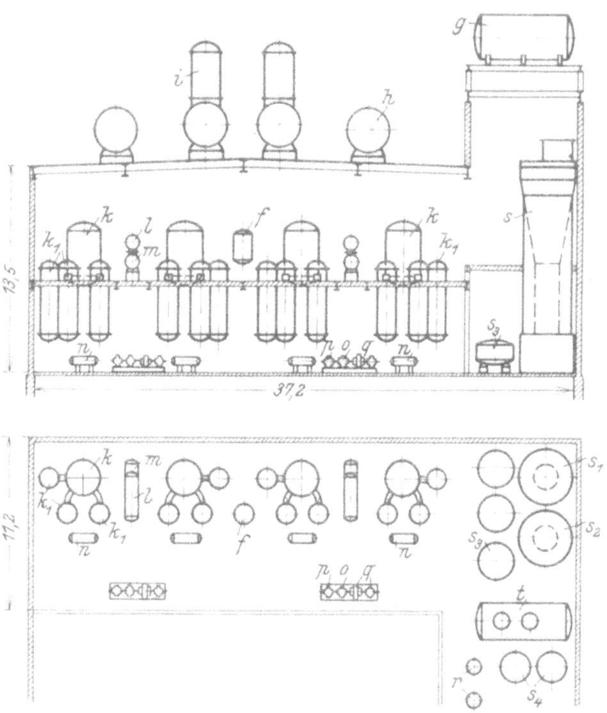

Abb. 44. 100 t/h-Atlas-Dampfumformeranlage in dem von der AEG erbauten Kraftwerk der Mikramag, Magdeburg.

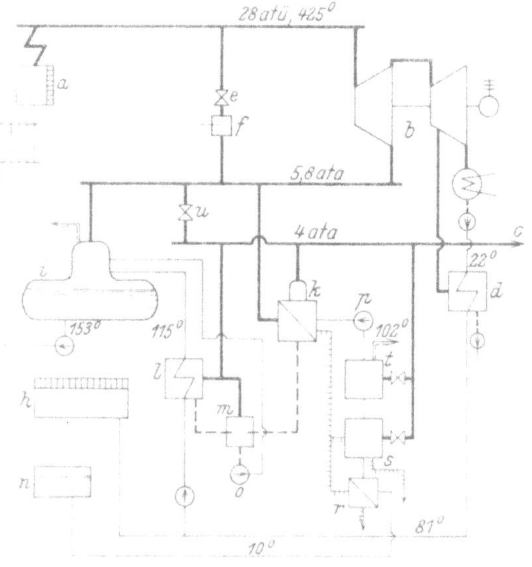

Abb. 45. Schaltschema der 100 t/h-Dampfumformeranlage in Abb. 44.

Zu Abb. 44 und 45.
a Kessel mit Ueberhitzer, Wasser- und Luftvorwärmer; *b* Anzapfkondensationsturbine; *c* abgehende Dampfleitung; *d* Niederdruckvorwärmer; *e* Druckminderventil; *f* Dampfkühler; *g* Rohwasserbehälter; *h* Kaltspeicher; *i* Warmspeicher mit Mischvorwärmer und Entgaser; *k* Verdampfer; k_1 Verdampfer-Heizelemente; *l* Brüdenkondensator; *m* Destillat- und Kondensatsammler; *n* Kondenstopf; *o* Destillatpumpe; *p* Verdampferspeisepumpe; *q* Elektromotor und Dampfturbine für *o* und *p*; *r* Laugenkühler; *s* chemische Vorreinigung; s_1 Klärbehälter; s_2 Kalksättiger; s_3 Kalk- und Sodaauflösebehälter; *t* Rohwasserentgaser; *u* Notventil, stets geschlossen.

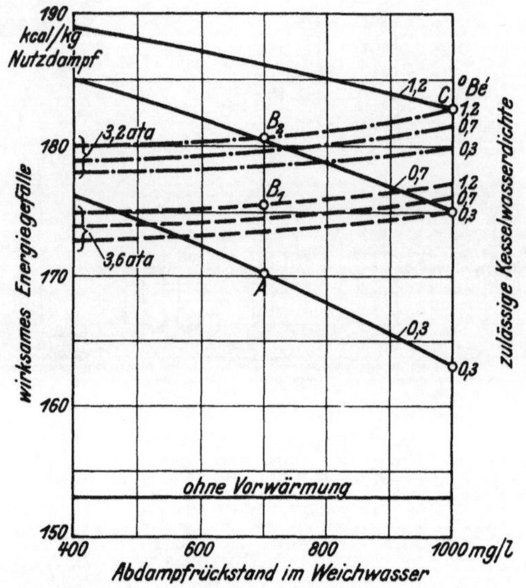

Abb. 46. Vergleich der je kg Nutzdampf erzielbaren Arbeit bei Dampfumformeranlagen (Abb. 47) und Anlagen mit chemisch aufbereiteten Kesselspeisewasser (Abb. 48).

Frischdampfzustand 100 at, 470°.

—·—·— Dampfumformer; Gegendruck 3,2 ata, Temperaturgefälle 7°.

— — — Dampfumformer; Gegendruck 3,6 ata, Temperaturgefälle 12°.

——— chemisch aufbereitetes Speisewasser (unmittelbare Dampfabgabe); Gegendruck 2,5 ata.

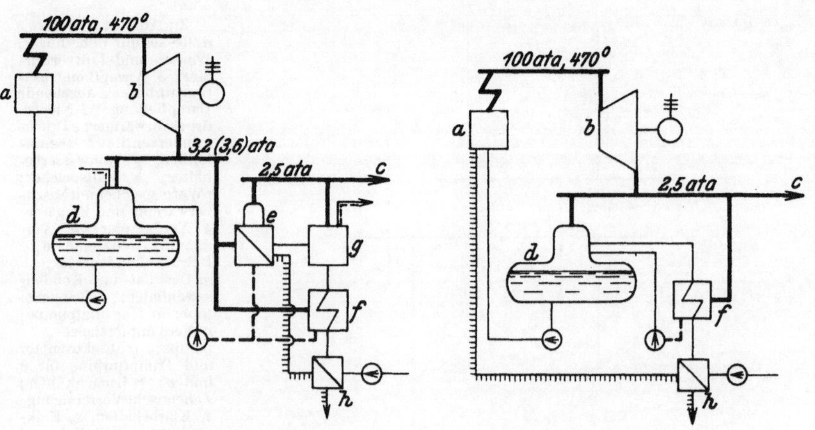

Abb. 47. Schaltschema der Anlage mit Dampfumformer in Abb. 46.

Abb. 48. Schaltschema der Anlage mit chemisch aufbereitetem Speisewasser in Abb. 46.

Zu Abb. 47 und 48.

a **Kessel,** ***b*** **Gegendruckturbine,** ***c*** **Nutzdampfabgabe,** ***d*** **Wärmespeicher mit Mischvorwärmer und Entgaser,** ***e*** **Dampfumformer,** ***f*** **Rohwasservorwärmer,** ***g*** **Rohwasserentgaser,** ***h*** **Laugenkühler.**

IIIIIIIIII Abschlämmwasser — — — Kondensat

——— Dampf ——— Wasser

Dampfkraft. Berechnung und Bau von Wasserrohrkesseln und ihre Stellung in der Energieerzeugung. Ein Handbuch für den praktischen Gebrauch von Dr.-Ing. **Friedrich Münzinger,** VDI. Zugleich zweite, neu bearbeitete Auflage von „Berechnung und Verhalten von Wasserrohrkesseln“. Mit 566 Abbildungen, 44 Rechenbeispielen und 41 Zahlentafeln im Text sowie 20 Kurventafeln in der Deckeltasche. VIII, 348 Seiten. 1933. Gebunden RM 40.—

... Im I. Abschnitt des Buches mit einem geschichtlichen Überblick über die allgemeinen Grundlagen für den Bau von Kraftwerken finden sich auch ganz ausgezeichnete und sehr treffende Ausführungen über Gebrauch und Nutzen der Theorie, die gegenseitige Abhängigkeit technischer Fortschritte, die Gefahr des Spezialistentums und die Beziehungen zwischen Hersteller und Käufer von Maschinen. Die beiden folgenden Abschnitte behandeln in sehr anschaulicher Weise die Umwandlung der Brennstoffwärme in Arbeit, die Kesselbaustähle und die feuerfesten Baustoffe, wobei auch die Einwirkung der Asche auf die Einmauerung gestreift wird. Im Abschnitt IV wird dann das von Münzinger ausgearbeitete graphisch rechnerische Verfahren für die Berechnung der Heizflächen usw. besprochen, wobei darauf hingewiesen wird, daß das Verfahren genügend genaue Lösung auch verwickelter Zusammenhänge ermöglicht, wenn man sich der Mühe unterzieht, sich mit seinem Entstehen und der Art, wie es angewendet werden muß, genügend vertraut zu machen. Der Wasserumlauf im Kessel wird im nächsten Abschnitt eingehend erörtert. — Nach Ausführungen über Feuerraum (VI) und über das Verhalten von Dampferzeugern bei wechselnden Verhältnissen (VII) wird in Abschnitt VIII der konstruktive Aufbau von Wasserrohrkesseln besprochen und dann die Höchstdruckkessel in gewöhnlichen und Sonderbauarten beschrieben und einer kritischen Betrachtung unterzogen. Mit Ausführungen über den Quecksilber-Dampfkessel und über Fragen der Zwischenüberhitzung wird dieser Abschnitt beschlossen. Von besonderem Wert sind auch die Abschnitte IX und X, in denen Münzinger seine reichen Erfahrungen über Anlagekosten von Kesseln und Kesselhäusern, Kesselanlagen für Spitzenkraftwerke und über wirtschaftliche Fragen der Energieerzeugung und -verteilung niedergelegt hat. ... Es muß beim Fachmann Bewunderung erregen, mit welcher großen Liebe zur Sache und mit welchem ausdauernden Fleiß hier aus eigenem Schaffen und Erleben entsprungene Erfahrungen und Erkenntnisse und außerdem auch Forschungen und Erfahrungen anderer Fachgenossen zusammengetragen worden sind. Es ist daher nur zu wünschen, daß dieses wertvolle, gleichsam aus der Praxis für die Praxis geschriebene und in seiner Art einzig dastehende Werk in den Fachkreisen weiteste Verbreitung finden möge.

„Elektrotechnische Zeitschrift.“

Dampfkesselschäden, ihre Ursachen, Verhütung und Nutzung für die Weiterentwicklung. Ein Lehrbuch für die Dampfkessel-Industrie und den Dampfkesselbetrieb. Von Dr.-Ing. **Ernst Pfleiderer.** Mit 244 Textabbildungen. VIII, 259 Seiten. 1934. Gebunden RM 24.—

... Im ersten Abschnitt werden die im Kesselbau verwendeten Werkstoffe einschließlich der neuerdings für Hochdruckkessel vielfach verwendeten legierten Stähle besprochen und dabei die gefährlichen Erscheinungen der Alterung, Rekristallisation und Blaubrüchigkeit eingehend behandelt. Dann folgen die vier großen Abschnitte, in denen ausgeführt wird, was bei der Herstellung des Kesselwerkstoffs, bei der Konstruktion der Kessel, bei der Herstellung der Kessel und bei der Betriebsführung zu beachten ist. Der wissenschaftliche Nachweis der richtigen Bearbeitung, Ausführung und Betriebsweise wird wirkungsvoll ergänzt durch zahlreiche Beispiele aus der Praxis über Betriebserfahrungen und Kesselschäden der verschiedensten Art sowie durch eine große Anzahl ausgezeichneter Schaubilder und Aufnahmen. Ein ausführliches Schrifttumsverzeichnis mit mehr als 200 Hinweisen auf die wertvollsten Veröffentlichungen in den Fachzeitschriften ermöglicht dem Leser, sich genauer über Sonderfragen zu unterrichten.

So ist ein Buch entstanden, das für alle Ingenieure, die sich mit dem Bau oder Betrieb von Dampfkesseln befassen, unentbehrlich ist, ein Buch, daß trotz des umfangreichen Schrifttums über das Dampfkesselwesen eine bisher vorhandene fühlbare Lücke ausfüllt und zu den wertvollsten Neuerscheinungen des technischen Schrifttums überhaupt gezählt werden muß.

E. Praetorius VDI in „Werkstattstechnik und Werksleiter“.